弁论

翟文明 ◎ 编著

中国华侨出版社

·北京·

　　博弈论，又称对策论，是使用严谨的数学模型研究冲突对抗条件下最优决策问题的理论。

　　作为一门正式学科，博弈论是在 20 世纪 40 年代形成并发展起来的。它原是数学运筹中的一个支系，用来处理博弈各方参与者最理想的决策和行为的均衡，或帮助具有理性的竞赛者找到他们应采用的最佳策略。在博弈中，每个参与者都在特定条件下争取其最大利益。博弈的结果，不仅取决于某个参与者的行动，还取决于其他参与者的行动。

　　当下社会，人际交往日趋频繁，人们越来越相互依赖又相互制约，彼此的关系日益博弈化了。不管懂不懂博弈论，你都处在这世事的弈局之中，都在不断地博弈着。我们日常的工作和生活就是不停地博弈决策过程。我们每天都必须面对各种各样的选择，在各种选择中进行适当的决策。在单位工作，关注领导、同事，据此自己采取适当的对策。平日生活里，结交哪些人当朋友，选择谁做伴侣，其实都在博弈之中。这样看来，仿佛人生很累，但事实就是如此，博弈就是无处不在的真实策略"游戏"。古语有云，世事如棋。博弈论的伟大之处正在于其通过规则、身份、信息、行动、效用、平衡等各种量化概念对人情世事进行了精妙的分析，清晰地揭示了当下社会中人们的各种互动行为、互动关系，为人们正确决策提供了指导。如果将博弈论与下围棋联系在一起，那么博弈论就是研究棋手们"出棋"时理性化、逻辑化的部分，并将其系统化为一门科学。

目前，博弈论在经济学中占据越来越重要的地位，在商战中被频繁地运用。此外，它在国际关系、政治学、军事战略和其他各个方面也都得到了广泛的应用。甚至人际关系的互动、夫妻关系的协调、职场关系的争夺、商场关系的出招、股市基金的投资，等等，都可以用博弈论的思维加以解决。总之，博弈无处不在，从古至今，从战场到商场、从政治到管理、从恋爱到婚姻、从生活到工作……几乎每一个人类行为都离不开博弈。在今天的现实生活中，如果你能够掌握博弈智慧，就会发现身边的每一件让你头痛的小事，从夫妻吵架到要求加薪都能够借用博弈智慧达到自己的目的。而一旦你能够在生活和工作的各个方面把博弈智慧运用得游刃有余，成功也就在不远处向你招手了。

著名经济学家保罗·萨缪尔森说："要想在现代社会做一个有文化的人，你必须对博弈论有一个大致了解。"真正全面学通悟透博弈论固然困难，但掌握博弈论的精髓，理解其深刻主旨，具备博弈的意识，无疑对人们适应当今社会的激烈竞争具有重要意义。

目录

第三章　囚徒博弈

第四章　走出"囚徒困境"

第五章 智猪博弈

第六章 猎鹿博弈

第七章 枪手博弈

第十三章 营销中的博弈

第十四章 概率、风险与边缘策略

博弈论入门

第 1 节 什么是博弈论：从"囚徒困境"说起

一天，警局接到报案，一位富翁被杀死在自己的别墅中，家中的财物也被洗劫一空。经过多方调查，警方最终将嫌疑人锁定在杰克和亚当身上，因为事发当晚有人看到他们两个神色慌张地从被害人的家中跑出来。警方到两人的家中进行搜查，结果发现了一部分被害人家中失窃的财物，于是将二人作为谋杀和盗窃嫌疑人拘留。

但是到了拘留所里面，两人都矢口否认自己杀过人，他们辩称自己只是路过那里，想进去偷点东西，结果进去的时候发现主人已经被人杀死了，于是他们便随便拿了点东西就走了。这样的解释不能让人信服，再说，谁都知道在判刑方面杀人要比盗窃严重得多。警察决定将两人隔离审讯。

隔离审讯的时候，警察告诉杰克："尽管你们不承认，但是我知道人就是你们两个杀的，事情早晚会水落石出的。现在我给你一个坦白的机会，如果你坦白了，亚当拒不承认，那你就是主动自首，同时协助警方破案，你将被立即释放，亚当则要坐 10 年牢；如果你们都坦白了，每人坐 8 年牢；都不坦白的话，可能以入室盗窃罪判你们每人 1 年，如何选择你自己想一想吧。"同样的话，警察也说给了亚当。

一般人可能认为杰克和亚当都会选择不坦白，这样他们只能以入室盗窃的罪名被判刑，每人只需坐 1 年牢。这对于两人来说是最好的一种结局。可结果会是这样的吗？答案是否定的，两人都选择了招供，结果各被判了 8 年。

事情为什么会这样呢？杰克和亚当为什么会做出这样"不理智"的选择呢？其实这种结果正是两人的理智造成的。我们先看一下两人坦白与否及其结局的矩阵图：

亚当

		坦白	不坦白
杰克	坦白	（8，8）	（0，10）
	不坦白	（10，0）	（1，1）

当警察把坦白与否的后果告诉杰克的时候，杰克心中就会开始盘算坦白对自己有利，还是不坦白对自己有利。杰克会想，如果选择坦白，要么当即释放，要么同亚当一起坐 8 年牢；要是选择不坦白，虽然可能只坐 1 年牢，但也可能坐 10 年牢。虽然（1，1）对两人而言是最好的一种结局，但由于是被分开审讯，信息不通，所以谁也没法保证对方是否会选择坦白。选择坦白的结局是 8 年或者 0 年，选择不坦白的结局是 10 年或者 1 年，在不知道对方选择的情况下，选择坦白对自己来说是一种优势策略。于是，杰克会选择坦白。同时，亚当也会这样想。最终的结局便是两个人都选择坦白，每人

都要坐 8 年牢。

上面这个案例就是著名的"囚徒困境"模式，是博弈论中最出名的一个模式。为什么杰克和亚当都选择了对自己最有利的策略，最后得到的却是最差的结果呢？这其中便蕴涵着博弈论的道理。

博弈论是指双方或者多方在竞争、合作、冲突等情况下，充分了解各方信息，并依此选择一种能为本方争取最大利益的最优决策的理论。

"囚徒困境"中杰克和亚当便是参与博弈的双方，也称为博弈参与者。两人之所以陷入困境，是因为他们没有选择对两人来说最优的决策，也就是同时不坦白。而根本原因则是两人被隔离审讯，无法掌握对方的信息。所以，看似每个人都做出了对自己最有利的策略，结果却是两败俱伤。

我们身边的很多事情和典故中也有博弈论的应用，我们就用大家比较熟悉的"田忌赛马"这个故事来解释一下什么是博弈论。

齐国大将田忌，平日里喜欢与贵族赛马赌钱。当时赛马的规矩是每一方出上等马、中等马、下等马各一匹，共赛三场，三局两胜制。由于田忌的马比贵族们的马略逊一筹，所以十赌九输。当时孙膑在田忌的府中做客，经常见田忌同贵族们赛马，对赛马的比赛规则和双方马的实力差距都比较了解。这天田忌赛马又输了，非常沮丧地回到府中。孙膑见状，便对田忌说："明天你尽管同那些贵族们下大赌注，我保证让你把以前输的全赢回来。"田忌相信了孙膑，第二天约贵族赛马，并下了千金赌注。

孙膑为什么敢打保证呢？因为他对这场赛马的博弈做了分析：双方都派上等、中等、下等马各一匹，田忌每一等级的马都比对方同一等级的马慢一点，因为没有规定出场顺序，所以比赛的对阵形式可能有六种，每一种对阵形式的结局是很容易猜测的：

第一种情况：上等马对上等马，中等马对中等马，下等马对下等马。结局：三局零胜。

第二种情况：上等马对上等马，下等马对中等马，中等马对下等马。结局：三局一胜。

第三种情况：中等马对上等马，上等马对中等马，下等马对下等马。结局：三局一胜。

第四种情况：中等马对上等马，下等马对中等马，上等马对下等马。结局：三局一胜。

第五种情况：下等马对上等马，上等马对中等马，中等马对下等马。结局：三局两胜。

第六种情况：下等马对上等马，中等马对中等马，上等马对下等马。结局：三局一胜。

六种对阵形式中，只有一种能使田忌取胜，孙膑采取的正是这一种。赛前孙膑对田忌说："你用自己的下等马去对阵他的上等马，然后用上等马去对阵他的中等马，最后用中等马去对阵他的下等马。"比赛结束之后，田忌三局两胜，赢得了比赛。田忌从此对孙膑刮目相看，并将他推荐给了齐威王。同样的马，只是调整了出场顺序，便取得截然相反的结果。这里边蕴涵着博弈论的道理。

在田忌赛马这个故事中，田忌同齐国的贵族便是博弈的双方，也称为博弈的参与者。孙膑充分了解了各方的信息，也就是比赛的规则与各匹马之间的实力差距，并在六种可以选择的策略中帮田忌选择了一个能争取最大利益的策略，也就是最优策略。所以说，这是一个很典型的博弈论在实际中应用的例子。

在这里还要区分一下博弈与博弈论的概念，以免搞混。它们既有共同点，又有很大的差别。

"博弈"的字面意思是指赌博和下围棋，用来比喻为了利益进行竞争。自从人类存在的那一天开始，博弈便存在，我们身边也无时无刻不在上演着一场场博弈。而博弈论则是一种系统的理论，属于应用数学的一个分支。可以说博弈中体现着博弈论的思想，是博弈论在现实中的体现。

博弈作为一种争取利益的竞争，始终伴随着人类的发展。但是博弈论作为一门科学理论，是 1928 年由美籍匈牙利数学家约翰·冯·诺依曼建立起来的。他同时也是计算机的发明者，计算机在发明最初不过是庞大、笨重的算数器，但是今天已经深深影响到了我们生活、工作的各个方面。博弈论也是如此，最初冯·诺依曼证明了博弈论基本原理的时候，它只不过是一个数学理论，对现实生活影响甚微，所以没有引起人们的注意。

直到 1944 年，冯·诺依曼与摩根斯坦合著的《博弈论与经济行为》发行出版。这本书的面世意义重大，先前冯·诺依曼的博弈理论主要研究二人博弈，这本书将研究范围推广到多人博弈；同时，还将博弈论从一种单纯的理论应用于经济领域。在经济领域的应用，奠定了博弈论发展为一门学科的基础和理论体系。

谈到博弈论的发展，就不能不提到约翰·福布斯·纳什。这是一位传奇的人物，他于 1950 年写出了论文《n 人博弈中的均衡点》，当时年仅 22 岁。第二年他又发表了另外一篇论文《非合作博弈》。这两篇论文将博弈论的研究范围和应用领域大大推广。论文中提出的"纳什均衡"已经成为博弈论中最重要和最基础的理论。他也因此成为一代大师，并于1994年获得诺贝尔经济学奖。后面我们还会详细介绍纳什其人与"纳什均衡"理论。

经济学史上有三次伟大的革命，它们是"边际分析革命""凯恩斯革命"和"博弈论革命"。博弈论为人们提供了一种解决问题的新方法。

博弈论发展到今天，已经成了一门比较完善的学科，应用范围也涉及各个领域。研究博弈论的经济学家获得诺贝尔经济学奖的比例是最高的，由此也可以看出博弈论的重要性和影响力。2005年的诺贝尔经济学奖又一次颁发给了研究博弈论的经济学家，瑞典皇家科学院给出的授奖理由是"他们对博弈论的分析，加深了我们对合作和冲突的理解"。

那么博弈论对我们个人的生活有什么影响呢？这种影响可以说是无处不在的。

假设，你去酒店参加一个同学的生日聚会，当天晚上他的亲人、朋友、同学、同事去了很多人，大家都玩得很高兴。可就在这时，外面突然失火，并且火势很大，无法扑灭，只能逃生。酒店里面人很多，但是安全出口只有两个。一个安全出口距离较近，但是人特别多，大家都在拥挤；另一个安全出口人很少，但是距离相对较远。如果抛开道德因素来考虑，这时你该如何选择？

这便是一个博弈论的问题。我们知道，博弈论就是在一定情况下，充分了解各方面信息，并做出最优决策的一种理论。在这个例子里，你身处火灾之中，了解到的信息就是远近共有两个安全门，以及这两个门的拥挤程度。在这里，你需要做出最优决策，也就是最有可能逃生的选择。那应该如何选择呢？

你现在要做的事情是尽快从酒店的安全门出去，也就是说，走哪个门出去花费的时间最短，就应该走哪个门。这个时候，你要迅速地估算一下到两个门之间的距离，以及人流通过的速度，算出走哪个门逃生会用更短的时间。估算的这个结果便是你的最优策略。

这样的案例在我们身边有很多。2003年2月2日，哈尔滨天潭酒店发生火灾，共造成33人死亡，10人受伤。当时，偌大一个酒店就只有两个安全通道。2008年9月22日，深圳一家舞厅发生火灾，当时舞厅里面有三四百人，大家都抢着从狭窄的出口逃生，最终导致踩踏事件的发生，事故中共死亡43人，受伤59人。令人痛心的是，舞厅虽设有消防通道，但是只有几十个人选择从消防通道逃生。

不仅仅是火灾中，我们身边无时无刻不在上演着一场场博弈，有博弈的地方就用得到博弈论。

第2节 博弈四要素

我们已经知道了博弈论的概念和发展过程，概念中显示了博弈论必须拥有的几个要素。我们结合下面的例子介绍一下这些要素。

今天是周末，难得的休息时间。晚饭过后，一对夫妻坐在沙发上看电视。丈夫早早地就把频道锁定在了体育频道，因为此时恰逢世界杯，今晚比赛的球队又有他喜欢的阿根廷队。他以前便是马拉多纳的铁杆球迷，现在又是梅西的球迷，这场比赛好几天之前他就开始关注了。但是这个时间另一个频道马上要播出一部连续剧，妻子已经连续追了20多集，剧情跌宕起伏，已经发展到了高潮阶段，妻子自然不想错过。于是，一场关于电视选台的博弈便展开了。

丈夫认为自己平时工作忙，根本没有时间看球赛，电视都是妻子一个人独享，今晚好不容易有机会看一场球赛，妻子应该让给他一次。而且连续剧以后还会重播，到时候再补上就行了。但是妻子不这么认为，她觉得丈夫把体育频道锁定大半天了，现在应该让给她看。再说，想要知道比赛结局，直接看新闻就行了，想要看比赛过程，明天还会有重播。两个人各执一词，互不相让。比赛马上就要开始了，连续剧播出的时间也快到了，两个人应该做出怎样的选择呢？

我们根据博弈论的定义，以及具体的例子来介绍一下博弈的要素。一场博弈一般包含了4个基本要素。

（1）至少两个参与者。博弈论的参与者又被称为决策主体，也就是在博弈中制定决策的人。没有参与者也就不会有博弈，而且参与者至少为两人。在上面的例子中，如果只有丈夫一个人在家，或者只有妻子一个人在家，便不会发生关于看电视抢台的博弈。古龙在小说《无情剑客多情剑》中曾经描写了一场小李飞刀同嵩阳铁剑之间的对决，如果只有一个人在那里耍刀耍枪，不能称之为对决。博弈必须有对象，好比是做生意，只有买方没有卖方，或者只有卖方没有买方，都做不成生意。

博弈论的奠基人冯·诺依曼在《博弈论与经济行为》中就曾经举例说过，他说，《鲁滨孙漂流记》中的鲁滨孙一个人在荒岛上，与世隔绝，形成了只有一个参与者的独立系统，没有博弈。但是，黑人仆人"礼拜五"一加入，系统中有了两个参与者，便有了博弈。

有两个参与者的博弈被称为两人博弈。象棋、围棋、拳击就属于两人博弈。有多个参与者的博弈被称为多人博弈，如打麻将、六方会谈、三英战吕布就属于多人博弈。

参与者在博弈中的表现便是制定决策与对方的决策抗衡，并为自己争取最大利益。参与者之间的关系是相互影响的，自己在制定策略的时候往往需要参照对方的策略。

（2）利益。从博弈论的定义中我们知道，双方或者多方进行博弈的最终目的都是为自己争取最大利益。因此，利益是博弈中必不可少的一个要素。一开始关于电视选台的例子中，丈夫的利益便是看体育频道，看自己喜欢的足球比赛，享受足球带来的那种狂热和喜悦；而对妻子来说，她的利益则是看电视剧频道，满足后面的剧情带来的好奇心，跟着剧中的主人公一起哭一起笑。正是因为双方有各自不同的利益，所以才会产生博弈。假设这对夫妻都是铁杆球迷的话，就不存在双方争频道的博弈了。

在商业中，买方和卖方之间博弈的目的便是一方想多挣钱，一方想少花钱。卖方的利益是怎样让同样的东西卖出更多的钱，而买方的利益便是怎样花更少的钱，或者怎样用同样的钱买更多的东西。

决策主体之所以投入博弈中来，就是为了争取最大的利益。利益越大，对参与者的吸引力便越大，博弈的过程也就越激烈。

利益是一个抽象的概念，不单单是指钱，可以是指在一定时间段内锁定哪个电视频道，可以是指战争的胜利、获得荣誉、赢得比赛。但是有一点，必须是决策主体在意的东西才能称之为利益。比如说，夫妻二人看电视，丈夫要看体育频道的球赛，而妻子看什么无所谓，她只想享受陪爱人一起看电视的过程。这样的话，就不存在利益之争，两人之间也就不存在博弈。

再如,《红楼梦》曾经写到一群人陪同贾母打牌,其中有王熙凤,结果是凤姐输了钱,贾母赢了钱。在这场博弈中王熙凤是输家吗?如果把利益单纯看作金钱的话,她确实是输了。但是,王熙凤陪贾母打牌不是为了赢钱,而是为了哄贾母高兴。贾母赢了钱,非常高兴,因此王熙凤便达到了自己的目的。所以这场博弈中,王熙凤不是输家。

(3)策略。在博弈中,决策主体根据获得的信息和自己的判断,制定出一个行动方案。这个行动方案便是策略。通俗地讲,策略就是指决策主体做出的,用来解决问题的手段、计谋、计策。

从博弈论的定义中我们也可以看出,博弈论的关键在于制定一个能帮助本方获取最大利益的策略,也就是最优策略。由此可见,策略是博弈论的核心,关系着最后的胜败得失。博弈也可以看作各方策略之间的较量。因此,有人把博弈论称为"对策论"。因研究博弈论而获得 2005 年诺贝尔经济学奖的罗伯特·约翰·奥曼就曾经说过:"博弈,不过就是双方或者多方之间的策略互动。"由此可见,无论是在赌博、下象棋中,还是在两军对垒的时候,决定输赢的关键是谁能做出一个更好的决策。

此外,策略必须有选择性,只有一种选择那就不是策略了。假如曹操面前只有一条路可走,并且诸葛亮已经派关羽把守,那就不存在曹操同诸葛亮之间的博弈了。只存在曹操同关羽之间的博弈。如果一个犯人被抓,但是他的同伙没有落网,这时他有"供出同伙"和"不供出同伙"两种选择,同时他也有两种策略:供出同伙可以少判几年,但是出狱后有被同伙报复的危险;不供出同伙的话,就得多坐几年牢。如果当时他是一个人作案,没有同伙,并且证据确凿,无论他招认还是不招认，都将被判刑。这时候他就没有选择，没有选择也就没有策略，只得乖乖接受判罚。

（4）信息。上面已经讲过，利益是博弈的目的，策略是获得利益的手段，而信息就是制定策略的依据。要想制定出战胜对方的策略，就得获得全面的信息，对对方有更多的了解。两千多年前的《孙子兵法》中就说"知彼知己，百战不殆"。比如前面提到的例子中，如果丈夫得知妻子最近对一个新款皮包很感兴趣，他可以提出为妻子买这样一款皮包来讨好妻子，既不伤感情，又能让妻子主动放弃跟自己争频道。在这里，知道妻子最近喜欢的一款包，便是博弈中的信息。

现在无论是商场还是战场，都可以说是在打一场信息战。商业中好多企业都有自己的商业机密，还有一大批专门从事窃取其他企业机密的商业间谍；战场上，作战之前双方都会派出侦察员，侦察敌方信息。现代化战争中，侦察卫星、侦察飞机，一系列高科技设备被用在侦察敌方情报上。这都可以看出信息对于博弈双方的重要性，只有掌握了准确、全面的信息，才能做出准确的判断。

信息在博弈中占有如此重要的地位，能左右博弈双方的输赢，因此，信息也成了一种作战手段。在中国家喻户晓的故事"空城计"中，诸葛亮便传递出了城中藏有大量埋伏的假信息，司马懿误以为真，被诸葛亮吓退。传递错误信息迷惑对方，声东击西，已经成了商战和两军作战经常用的一种战术。

既然信息有真假，甄别信息真假便显得格外重要。除了甄别真假，还应该学会从看似平常的事务中识别信息。有一个流传很广的故事，当年美国西部发现了金矿，很多人都蜂拥而至，进行淘金。

一个小伙子发现，真正能淘到金子的人没有几个，但是卖水不失为一个好买卖。于是他便引水至此，做起了卖水的生意。很多人嘲笑他不去淘金，做这种只有蝇头小利的生意。实践证明他是对的，大多数人最终空手离开，他却很快赚到了人生的第一桶金。这其中的关键便是他识别出了一条信息：不一定每一个人都能淘到金子，但是每一个人肯定要喝水。关于信息的更多知识，我们在后面还会详细讲到。

以上便是博弈的 4 个要素，最后让我们回到开头的例子中。丈夫和妻子关于电视频道之争的博弈有什么结局呢？我们知道结局不外乎 3 种：

一是双方争执不下，关掉电视谁也不看了。

二是一方选择退出，丈夫可以选择去做别的事情，或者妻子选择去做别的事情。

三是一方说服了另一方，妻子陪丈夫看球赛，或者丈夫陪妻子看连续剧。

第一种选择的结局是两败俱伤，第二种选择的结局是只有一方获利，第三种选择中双方总会有一方要牺牲掉一部分利益，但是利益总和将大于前两种选择。很明显，第三种选择是最好的选择，也是这场博弈中的最优策略。

第 3 节 前提是理性

在博弈论中有一个假定前提，也是我们谈论博弈论最基本的前提，那就是博弈的所有参与者都是"理性人"。

"理性人"源自经济学术语"理性经济人"，这是西方经济学中的一个基本假设，是指参与者都是利己的，在几种策略中他们会选择能给自己带来最大利益的那一个。在博弈论中，参与者是理性人是指每个参与者的基本出发点是为自己争取最大利益，每个人在制定决策的时候，都会选择能给自己带来最大利益的那个决策。

因为每个参与者都是理性的，所以参与者在理性地制定决策的时候，会考虑到对方的决策，因为对方也是理性的。参与者做出的决策越是理性，这样的博弈案例就越是经典，越有代表性，经典的博弈案例往往能套用在更多现象中。

举例来说，前面提到的夫妻二人争夺电视频道的博弈中，正因为丈夫要看体育频道，妻子要看连续剧频道，双方都是利己的，才有博弈发生。如果妻子考虑丈夫平时工作太忙，难得有时间看一场球，那就把电视让给丈夫吧。这样的话就不存在博弈了，因为妻子作为博弈参与者，已经不再是理性人了，她已经放弃了为自己争取利益。理性人必须是利己的，这样双方或者多方之间才会有博弈产生，放弃了对最大利益的追求，就意味着不再会选择对自己最有利的策略，也就失去了博弈的基本特征。

用同样的分析方法，我们来分析一下前面提到的几个博弈案例，看一下为什么说理性人是博弈论必不可少的前提。

我们前面提过一个博弈案例，是参加同学生日聚会的时候酒店突然失火，并且酒店只有两个安全门，两个门与你之间的距离不同，两个门的拥挤程度也不同，你该选择从哪个门逃生。我们最后给出的最优策略是，估算从哪个门逃生会用更短的时间，就走哪个门，而不一定非走最近的那个门，因为那个门可能会非常拥挤。这场博弈中，你的博弈对手是其他需要逃生的人，如果他们拥挤在一个门口的时候，你的最优策略可能是走另一个门逃生。在讲述这场博弈的时候，我们做了一个假设，那就是假设在逃生的时候不考虑道德因素。这个假设是为了保证博弈的发生而设置的，因为现实中如果我们碰到这样的事情，出于人类基本的道德观，是不会一跑了之的。如果发现更好的逃生方案，应该组织大家一起逃生，并且照顾老幼。假如真是这样的话，你的利益就会与其他人一样，也就不存在利己和为自己争取最大利益的说法，你也就不属于博弈中的"理性人"。这样的话，前面提到的你为了争取最快逃生而与其他人之间发生的博弈就不存在了。所以，为了保证这是一个博弈案例，我们做了"不考虑道德因素"这样的假设，根本目的是保证你是一个"理性人"。

"空城计"很明显是一场博弈，由于博弈双方诸葛亮与司马懿都非常聪明、非常理性，所以这场博弈也特别具有代表性。诸葛亮是这场博弈中的胜者，他正是利用司马懿天性多疑的性格，制定出了最优策略，吓退司马懿的大军。在这场博弈中，诸葛亮与司马懿都是理性人。诸葛亮之所以敢使出空城计，正是因为他知道司马懿是理性的。司马懿的想法他早就想到了，如果攻入城内可能有两种结局，要么城内有伏兵，自己全军覆没；要么城内没有伏兵，自己大获全胜。如果不攻城，自己不会胜也不会败，但是能保全部队实力。以司马懿的性格，他肯定会选择保守的做法，那就是退兵。如果诸葛亮的对手不是司马懿，而是一员鲁莽、喜欢冒险、不理性的猛将，那么诸葛亮就可能无力回天了，这场博弈也就不存在了。

我们已经知道了理性人是博弈的前提，理性人的基本特征便是利己，这样的话理性人是不是就等同于自私自利呢？博弈的参与者是不是就没有道德呢？下面我们就讲一下博弈论中的"理性"与道德和自由有没有冲突。

首先，理性的选择是指能为自己获得最大利益的选择，这其中不考虑道德因素。就好比下围棋的博弈中，选择走哪一步棋，考虑的只是能不能最后为自己带来胜利，下棋的博弈中是不会考虑道德因素的。人们也不会因为你赢了一盘棋便说你没有道德。

但是在现实的博弈中，很多"理性"的选择是与道德相违背的。2008年汶川地震中的"范跑跑"便是一个很好的例子。

2008年5月12日，四川发生了特大地震，造成人员和财产的重大损失。5月22日，有人在论坛上发帖子，详细描述了自己经历地震时的情景。发帖人是一名私立学校的教师，他声称自己在意识到地震后第一个从教室冲到操场上。后来有学生问他为什么不顾学生就跑了。他解释道：自己虽然追求自由和公正，但不是那种勇于牺牲自我的人。在当时那种生死抉择的时刻，除了为了女儿之外，他不会牺牲自己，就是自己的母亲他也不会去救。因为他觉得在那样的情境下能逃出一个是一个，如果情况危险，他也无能为力；如果情况不危险，学生都是十七八岁的人了，完全有自己逃生的能力。自己不会有道德上的负疚感。

这个帖子一石激起千层浪，因为主人公姓范，所以被人戏称为"范跑跑"。这件事情在以后相当长的一段时间内，一直是人们议论的热点话题。现在我们从博弈论的角度来分析一下这件事情。

博弈论的前提是参与者为理性人，理性人的最大特点就是以追求最大利益为行动目的。在"范跑跑"遇到地震的时候，根据地震危险程度与他的选择，将会出现4种情况：

第一种情况：情况非常危险，选择留下，结局很可能是学生与他都陷入危险。

第二种情况：情况不是很危险，选择留下，结局很可能是他与学生都平安无恙。

第三种情况：情况非常危险，选择逃生，结局很可能是他逃生，而学生陷入危险。

第四种情况：情况并不是很危险，选择逃生，结局也是他和学生都平安无恙。

由此来看，在遇到地震这种突发事件的时候，如果他选择逃生，无论情况危险与否，都会最大可能地保全性命；而选择留下的话，如果情况不危险还好说，如果情况危险则将陷入困境。所以说，在这场博弈中，保住性命的最优策略便是逃跑。

"范跑跑"是这场博弈中的理性人，他做出了为自己争取最大利益的选择。但是我们要明白，这场博弈的参与者是人，而且博弈的内容不是下围棋，而是关乎学生的生死。保护自己的学生是教师的义务和责任，是师德的一种体现。在这个时候，真正的理性不是自己逃跑，而是留下来组织学生逃生，或者指挥学生避难。

由此可见，有的博弈中理性人是与道德无关的，而有的博弈中理性人是与道德相违背的。违背道德的理性不是真正的理性，这种情况下追求自己的最大利益便是自私自利的表现。"范跑跑"就为我们做了很好的说明。

除了道德之外，理性与自由之间有时也存在悖论。这种悖论在家长与孩子围绕学习问题上的博弈中体现得最明显。

家长总是想让孩子更好地学习，如果孩子学习不认真，便会采取一些奖励手段或者惩罚措施。孩子呢，会针对家长的措施制定自己的策略，予以对付。这场博弈中，双方都有自己的策略，也会根据对方的策略改进自己的策略。比如说，某一门课考到70分会给予什么奖励，一旦孩子考到了70分，就会马上推出新策略，考到80分将会有更大的奖励。对于孩子来说，自由，便是摆脱枯燥的教育，痛痛快快地玩，学自己感兴趣的东西；而家长最希望的也是让孩子健康快乐地成长，而不是承受教育的重压。但是，他们在围绕着学习的博弈中作为策略的制定者是理性的，不过这种理性让双方都没有得到自己的自由。

第4节 博弈的分类

依据不同的基准，博弈有不同的分类方式。下面就结合实例，一一介绍一下这些分类。

根据博弈的参与者之间是否有一个具有约束力的协议，博弈分为合作博弈和非合作博弈。

合作博弈并不是指参与者之间有合作的意向，或者合作态度，而是参与者之间有具有约束力的协议、约定或者契约，参与者必须在这些协议的范围内进行博弈。非合作博弈是指参与者在博弈的时候，无法达成一个对各方都有约束力的协议。

合作博弈是研究合作中如何分配利益的问题，目的是使得协议框架内所有参与者都满意。而非合作博弈的目的是如何为自己争取最大化的利益，并不考虑其他参与者的利益。

从一方面来讲，合作博弈让我们认识到了合作的力量和团队的效率。但是，从另一方面来看，正是一些行业的寡头之间进行合作博弈，签订协议，强强联合，达到了对一些行业垄断的目的。垄断之后他们便协议商定产量和价格，以获取最大利益。

非合作博弈强调的是对自己利益最大化地争取，不考虑其他参与者的利益，与其他参与者之间没有共同遵守的协议。非合作博弈远比合作博弈复杂，因此人们的主要研究方向还是在非合作博弈身上。非合作博弈是博弈的常态，生活中的博弈大多是非合作博弈，没有特别说明的情况下，一般人们说的博弈都是指非合作博弈。

我们前面提到的大多数例子是非合作博弈，比如"囚徒困境"博弈中，两个犯人之间没有任何协议，没有串供，每个人都在为自己争取最大利益；空城计的博弈中，诸葛亮与司马懿之间更不可能是合作博弈；还有夫妻抢各自喜欢的电视频道的博弈也是非合作博弈。

总之，合作博弈是关于合作中如何分配利益的博弈，使得参与各方之间的利益达到一种均衡；非合作博弈是为自己争取最大利益的博弈，不考虑他人的利益。

前面我们举了一个火场中逃生的例子：你在参加一个同学生日聚会的时候突然遇到了火灾，酒店只有两个安全出口。如果不考虑道德因素，你在估算两个出口离你的距离远近，以及每个出口的人流量之后，选择一个能最快逃生的出口，这便是一个非合作博弈。博弈的参与者是你与其他逃生的人，利益是最快时间逃出火灾。估算出通过哪个门逃生用时最短，并选择从这个门逃生，便是这场博弈的最优策略。

但是，如果你考虑了道德因素，没有自己逃走，而是组织大家逃生，并且让老人、孩子先走，自己最后才离开。这样的话，就不存在博弈，因为你没有考虑自己的利益，缺少博弈的要素。

如果你既没有自己逃走，也没有把机会让给别人，而是同其他逃生的人商定了一个策略，保证大家能同时逃生。这样的话，就成了一个如何在合作中分配利益的问题。这便是合作性博弈。

按照参与者选择策略、做出决定的先后顺序，博弈可以分为静态博弈与动态博弈。

如果参与者们同时选择策略，或者虽然有先后，但是后做出策略的参与者并不知道其他参与者的策略，那便是静态博弈。比如"剪子、包袱、锤"就属于静态博弈；如果参与者的行动有先后顺序，并且后者是在了解前者策略的前提下制定自己的策略，这种情况就是动态博弈，比如下象棋、打扑克。

下面我们举两个例子来说明一下静态博弈与动态博弈。

某地区要建一个大型污水处理厂，面向社会招标。几个大型的建筑公司都想承建这项工程，都向招标处发去了自己的投标意向书，其中包括各自公司对这项工程的设计和报价。竞标的截止日期是10月1号，有的公司8月就投标了，也有的9月下旬才投标。

在这场博弈中，每个投标公司之间拼的主要还是对工程的设计以及工程报价，这也是每个公司的策略。在这里，每个公司投标的时候不知道其他公司的策略，尽管有的8月就投标了，也就是做出策略了，但是因为他的内容是对外保密的，并没有影响到后来者做出策略。尽管投标时间有先后，但是取得的效果与大家同时竞标是一样的。所以这是一场静态博弈。

说完了静态博弈，再说一下动态博弈。动态博弈的关键词是，行动有先后，后者的决策受前者的影响。下面例子中就包含着一个动态博弈：

一个年轻人在一家酒吧喝酒，中途他起身去厕所。刚进厕所，厕所的门就被一个尾随而入的女人关上了。这个女人对年轻人说："把钱和手机拿出来给我，不然的话我就大喊，说你非礼我。"

年轻人想，此时没有第三人在场，如果她喊非礼的话，自己肯定是说不清的。但是又不能让坏人得逞，这样她就会去敲诈更多的人。年轻人急中生智，指指自己的嘴巴，又指指自己的耳朵，嘴里还"呜呜哇哇"个不停，装作是聋哑人。

这个女人发现他是个聋哑人，便准备放弃，虽然敲诈不成也不会被抓住任何把柄。但是年轻人却不满足于把她摆脱，而是想抓住证据，让她以后再也不能作案。于是，他便掏出一支笔，在手掌中写道："你说什么？"这个女人不想放弃这次敲诈的机会，便在男人伸出的手上写道："把钱和手机给我，不然我就喊非礼。"

年轻人一看自己抓住了对方敲诈的证据，便一把抓住女子，大声喊道："我要送你去派出所！"女子这才发现自己上当了。

在这场博弈中，女子率先行动，使出策略，不拿出钱和手机来就喊非礼。年轻人根据当时的情形急中生智，选择了装聋作哑的策略，让对方放弃敲诈。女子见占不到便宜便选择了三十六策走为上计，想要逃脱。年轻人为了抓住她的把柄，又使出策略，诱导女子留下证据。女子以为还有机会获利，便将威胁的话写到年轻人的手上，没想到中了年轻人的计。这场博弈最后的策略是年轻人使出来的，那就是掌握了证据之后，将该女子送到派出所。至此，这场博弈结束。

　　这其中，年轻人与女子之间使出的策略都是根据对方的策略做出的。这是一场典型的动态博弈。

　　信息是博弈的四大要素之一，是参与者做出准确判断的依据。但是在有的博弈中，我们能完全掌握对方的信息，还有很多时候我们并不知道，或者不完全了解对方的信息。比如在下象棋的博弈中，一方的排兵布阵都体现在对方面前，一目了然；但是在打扑克的博弈中，你只知道自己手里的牌，不知道其他人手中的牌。基于对其他参与者的信息掌握程度，博弈可以分为完全信息博弈和不完全信息博弈。

　　完全信息博弈是指博弈中对其他参与者的特征、利益、可能选择的策略等信息都有一个准确的了解。如果对其他参与者的特征、利益、可能选择的策略等信息没有一个准确的了解，或者有多个参与者的情况下，只对个别参与者的信息了解，这两种情况的博弈便是不完全信息博弈。

　　博弈论模式中有一个"警察与小偷"模式，便是一个很经典的完全信息博弈。这个模式的大意是这样的：镇上有两处地方需要巡逻，A 处有价值两万元的物品，B 处有价值 1 万元的物品，但是镇上只有一个警察，只能选择一处巡逻。同时，镇上还有一个贼，他也只能选择去 A 处或者 B 处一处偷盗。如果警察在一处巡逻，小偷去另一处偷盗，小偷就能得逞；如果警察在一处巡逻，小偷去同一处作案，他就失败了。警察与小偷事先都不知道对方将会去哪里作案或者巡逻。试问，这种情况下，警察应该选择如何巡逻？

　　用我们前面介绍的博弈分类来看，这属于静态博弈，参与者双方事先都不知道对方的选择，自己策略的制定也与对方的策略无关。

同时，这还是一个完全信息博弈。在这场博弈中，镇上有 A、B 两处地方有值钱的物品，警察只能选择一处巡逻，小偷只能选择一处下手作案，以及镇上的交通路况等等，都是双方的共同认知，这些信息对警察和小偷是公开的，因此这是一场完全信息博弈。

我们将上面这个模式改造一下，假设有一天警察想出了一个捉住小偷的好主意：传出虚假消息，声称自己晚上将去 A 处巡逻，但是暗中去 B 处蹲守。不过这一切小偷并不知道，他不知道这是警察设下的一个圈套，结果他去 B 处偷盗，最终被警察抓到。在这场博弈中，警察使用了声东击西的策略，但是小偷对此并不知情。此时，这场博弈便变成了不完全信息博弈。

一方获益，另一方损失，这只是博弈的一种结果。除此之外，博弈的结果还可能是两败俱伤，或者双方共赢。按照博弈的结果来分，博弈分为负和博弈、零和博弈与正和博弈。

负和博弈是指博弈的参与者最后得到的收获都小于付出，都没有占到便宜，是一种两败俱伤的博弈。

网络上流传着这样一个笑话，甲、乙两个经济学家走在路上，突然发现了路边有一坨狗屎，甲便对乙说："你要是把它吃了，我给你 5000 万元。"乙一想，尽管臭了点，不过 5000 万元也不是个小数目啊，犹豫了半天之后还是把它吃了。

二人继续往前走，心中都有些不平衡。甲想，5000 万元也不是一笔小数目，我本想开开玩笑，现在倒好，白白花了 5000 万元，什么也没得到。乙想，虽然得了 5000 万元，可吃狗屎的滋味太难受了，说不定这件事情传出去还会被人耻笑。就在这时，两人又发现了一坨狗屎。乙便提议说，你要是把它吃了，我也给你 5000 万元。

甲本来就有点心疼自己的钱，再说乙都吃了，自己为什么不能吃？于是他便吃了。按理说，两个人又找回了心理和金钱上的平衡，但是两个人怎么想都觉得不对，谁也没有得到什么，平白无故每人吃了一坨狗屎。他们把这件事告诉了自己的导师，导师听完之后大吃一惊，说道："你们知道自己做了什么吗？一转眼你们就创造了一个亿的GDP啊！"

虽然只是一个笑话，但是其中蕴涵着一场博弈，就结果来看是一场典型的负和博弈，也就是双方的收获都小于付出，两败俱伤。

零和博弈是指参与者中一方获益，另一方损失，并且参与者之间获得的利益与损失之和为零。赌博便是零和博弈最好的体现，只要有赢家就会有输家，赢家赢的钱与输家输的钱肯定是一样多。这与物理上的能量守恒定律是一个道理，不管能量怎样变动，总量是不变的。

我们用一个扑克牌游戏来解释一下零和博弈。甲、乙两个人玩猜扑克游戏，游戏规则是每个人随便抽一张牌，然后一起打开，若是颜色相同，甲给乙1元钱，若是颜色不同，乙给甲1元钱。为了保证没有歧义，先将牌中的"大王"和"小王"拿出来。我们假定赢了1元钱用1来表示，输了1元钱用 -1 来表示。我们知道，这个游戏可能出现的情形共有4种：

第一种情形：甲是红牌，乙是红牌，甲、乙的得失为（-1，1）。
第二种情形：甲是红牌，乙是黑牌，甲、乙的得失为（1，-1）。
第三种情形：甲是黑牌，乙是红牌，甲、乙的得失为（1，-1）。
第四种情形：甲是黑牌，乙是黑牌，甲、乙的得失为（-1，1）。
可以看出，无论是哪种情况，结局不外乎是一方赢1元钱，另一方输1元钱，两人之间的得失总和永远为零。这种博弈我们便称为"零和博弈"。

正和博弈又被称为双赢博弈、合作博弈，是指参与者都能获益，或者一方的收益增加并不影响其他参与者的利益，这种博弈被认为是结局最好的一种博弈，也就是双赢。

曾经有一个人想了解一下天堂和地狱到底有什么区别，他便去问传教士。传教士把他带到了一间两层楼的房子里面，一楼上有一张大餐桌，桌上摆放着各种美食，但是坐在桌子周边的人个个愁容满面。原来他们的手臂受到了诅咒，不能弯曲，每个人都无法把食物送进自己嘴里；他们又来到了二楼，二楼上同样有一张餐桌，桌上摆满了美食，桌边人的手臂同样不能弯曲，但是他们却是欢声笑语不断，吃得津津有味，原来他们既然靠自己的手吃不到自己嘴里，就与对面坐的人相互喂食。传教士便对这个人说："你不是想知道天堂和地狱的区别吗？刚才在一楼看到的就是地狱，二楼这里便是天堂。"

这是一个很典型的双赢的例子，二楼的人们相互合作，结果每个人都得到了自己想要的，是正和博弈；而一楼的人自私自利，最后谁也没有吃到东西，是负和博弈。

第5节 最坏的一种结果：两败俱伤

两败俱伤是博弈中最坏的一种结果，每一位参与者的收益都小于损失，都没有占到便宜。有人可能想，理智的人是不会做出这种事情的，如果预见会是两败俱伤，那他们将不会参加这场博弈。但是事实上呢？人们经常置自己和对手于两败俱伤的困境中。

战争是典型的负和博弈，无论是两次世界大战，还是美军在阿富汗、伊拉克发起的战争，都是如此。

第二次世界大战是人类历史上规模最大的一场战争，前后长达6年，共有61个国家和地区被卷入了这场混战，涉及的人口有20亿人以上，给世界人民带来了沉重的灾难。虽然这场战争中英勇的反法西斯人民取得了最后的胜利，但是战后的一些统计数据让我们明白，这是一场负和博弈。

第二次世界大战中，军民伤亡人数达1.9亿，其中死亡6000万左右，受伤1.3亿左右。其中死亡的平民有2730万之多。盟军中苏联军队伤亡得最为惨重，死亡890万人，中国军队死亡148万人，英国与美国各死亡38万人。同样，法西斯国家也伤亡惨重，德国军队伤亡人数达1170万，其中军队死亡人数超过600万，日本军队的伤亡人数也超过了216万。

再看一下美军在阿富汗和伊拉克发起的战争，这也是距离我们较近的一场战争。据美国公布的军事报告，截止到2009年3月，美军在伊拉克死亡的军人已经达到4261人。而当地的伊拉克平民伤亡人数将近10万。在阿富汗死亡的美军人数为673人，当地伤亡的平民数量将近1万。

战争中看似有一方是获胜者，其实结果是两败俱伤。第二次世界大战中各国的伤亡人数和财产损失便是很好的证明。美军看似是阿富汗战争和伊拉克战争的胜利者，其实不然。战后的阿富汗非常混乱，人们为了生计不得不种植鸦片，这里也成了世界上最大的毒品生产基地，提供了世界上90%以上的鸦片和海洛因。再看一下伊拉克，虽然推倒了萨达姆的政权，但是激增的军费开支和不断攀升的伤亡人数使得美国深陷战争泥潭，难以自拔。

战争是世界上的头号杀手，表面上看战争有胜利的一方，但它并不是获益的一方，它同战败国一样是损失的一方。因此我们要热爱和平，警惕战争。

负和博弈不仅仅体现在战争中，人际交往的时候处理不当，也会陷入负和博弈之中。

在印度流传着这样一个故事，印度北部有一位木匠，技艺高超，绝活是雕刻各种人的模型。尤其是他雕刻的侍女，栩栩如生，不仅长得漂亮，还会行走。外人根本分不清真假。在南印度有一位画家，画技高超，最擅长的便是画人物。

有一天，印度北部的木匠请印度南部的画家来家中做客。吃饭的时候，木匠让自己制作的木人侍女出来侍奉画家，端菜端饭，斟茶倒酒，无微不至。画家不知道这是个木人，他见这位侍女相貌俊俏，侍奉周到，便想与她搭腔。木人不会说话，画家还以为她是在害羞。木匠看到了这一幕，便心生一计，想捉弄一下画家。

晚饭过后，木匠留画家在家过夜，并安排侍女夜里伺候画家。画家非常高兴，他等木匠走后便细细观察这位侍女。灯光下，侍女越发好看，但是画家怎么与她说话她都不回声，最后画家着急了便伸手去拉她。这才发现，侍女原来是个木人，顿感羞愧万分，原来自己上了木匠的当。画家越想越生气，决定要报复木匠。于是，他在墙上画了一幅自己的全身像，画中的自己披头散发，脖子上还有一根通向房顶的绳子，看上去像是上吊的样子。画好之后，他便躲到了床底。

第二天，木匠见画家迟迟不起床，便去敲门。敲了一会儿也不见画家回应，便从门缝中往里看，隐隐约约看到画家上吊了。木匠吓坏了，赶紧撞开门去解画家脖子上的绳子，等他摸到绳子之后才发现是一幅画。画家这个时候从床底下钻出来，对着木匠哈哈大笑。木匠十分气愤，认为画家这个玩笑开得太大了。画家则责怪木匠昨晚羞辱自己。说着说着，两人便厮打起来。

这是一个典型的人际交往的负和博弈，原本两位应该惺惺相惜、把酒言欢，没想到最后的结局却是两败俱伤。虽然这只是一个故事，但还是能给我们很多有益的启示。冲突的起源在于木匠用木人侍女戏弄画家，画家发现后又选择了报复。戏弄对方和报复对方是造成这场负和博弈的主要原因。

人是群居的高等动物，只要生活在这个世界上，就免不了同其他人交往，这种交往关系就是人际关系。由于每个人都有自己的追求，都有自己的利益，可能是物质方面的，也可能是精神方面的，因此交际中就免不了要发生冲突。冲突的结局跟博弈的结局一样，也有三种，或两败俱伤，或一方受益，或共赢。两败俱伤是最糟糕的一种情况，有过这种经历的人一般会选择反目成仇，互不往来。

曾经发生过这样的案例，两个人合伙做生意，一个有资金但是不善交际，另一个没有资金但是能说会道。两个人凑到一起之后，互相赏识，很快便决定开一家公司，有资金的出资金，没有资金的负责联络客户。

在两个人的努力之下，公司很快运转起来，并越发展越好。看到公司开始赢利，能说会道的那个人便想独自霸占公司，他把当初出资人出的注册资金还给出资人，并表示公司不再欠他的了，从此以后也不再与他有关系。出资人当然不愿意，告到了法院。到了法院出资人才知道，当初那个能说会道的人注册公司的时候写的是他一个人的名字。打官司没占到便宜，出资人一气之下把公司一把火烧了个干净。到头来，两个人谁也没有占到便宜。

这场负和博弈告诉我们，处理人际关系的时候，要做到"己所不欲，勿施于人"，不能自私自利，更不能见利忘义。

第 6 节 为什么赌场上输多赢少？

零和博弈中一方有收益，另一方肯定有损失，并且各方的收益和损失之和永远为零。赌博是帮助人们理解零和博弈最通俗易懂的例子。

赌场上，有人赢钱就肯定有人输钱，而且赢的钱数和输的钱数相等。就跟质量守恒定律一样，每个赌徒手中的钱在不停地变，但是赌桌上总的钱数是不变的。负和博弈也是如此，博弈双方之间的利益有增有减，但是总的利益是不变的。

我们说的只是理论形式上的赌博，现实中有庄家坐庄的赌博并不是这样。庄家是要赢利的，他们不可能看着钱在赌徒之间流转，他们也要分一杯羹。拿赌球来说，庄家会在胜负赔率上动一点手脚。例如，周末英超上演豪门对决，曼联主场对阵切尔西，庄家开出的赔率是 1：9，曼联让半球。也就是说，如果曼联取胜，你下100 元赌注，便会赢取 90 元。但是如果结局是双方打平，或者曼联输给了切尔西，那么你将输掉 100 元。曼联赢球和不赢球的比率各占 50%，所以赌曼联赢的和赌曼联不赢的人各占一半。假设 100 个人投注，每人下注100元，50个人赌曼联赢，50个人赌曼联不赢。无论比赛的最后结果如何，庄家都将付给赌赢的50个人每人90元，共计4500元；而赌输的50个人则将每人付给庄家100元，共计5000元，庄家赚500元。

由此可知，有庄家的赌博赢得少，输得多，所以有句话叫"赌场上十赌九输"。

其实零和博弈不仅体现在赌场上，期货交易、股票交易、各类智力游戏以及生活中也无处不在。人际交往中的零和博弈，起因大都是一方想"吃掉"另一方，让我们来看下面这个例子。

一个大杂院中住着四五户人家，平时大家白天都上班，邻里间关系非常冷淡。原本人们习惯了这种平静的生活，没想到这种平静被一把小提琴给打破了。原来是其中一户人家有一个10岁的孩子，家长给他买了一把小提琴，他非常喜欢，没事的时候就会吱吱呀呀地拉上一段。由于他没有学过拉琴，所以拉出来的声音非常刺耳。邻居们刚开始只是一笑了之，以为他只有三天的热度。没想到这个小孩没打算要停止，每天晚上都要拉上一会儿。后来大家都受不了了，白天上了一天班，晚上回家还要忍受噪音的折磨。起初有人到这户人家中提意见，结果人家认为自己孩子拉琴又不犯法，为什么不能拉？依旧我行我素，晚上琴声依旧。最后有人出了个主意，那就是制造出更大的动静来压过琴声。这几户人家便买了一些锣鼓，等晚上琴声响起的时候，他们一起冲到这户人家门外敲锣打鼓。这户人家受不了这样闹腾，便不让孩子拉琴了。就这样，原本就冷淡的邻里关系一落千丈，邻里成了宿敌。

这场博弈中，每一方都想"吃掉"对方，拉琴的孩子一家人不顾他人休息，只为自己着想；其他人则用更极端的手段去报复对方，这都是不对的。对于拉琴的孩子家长来说，他们可以送孩子去兴趣班或者公园拉琴，也可以改变拉琴时间，在白天别人都去上班的时候拉琴；邻里们呢，可以心平气和地向这户人家提出建议，或者让居委会出面来说这件事情，而不是走极端，用报复式的手段去胁迫对方。这可以说是一场零和博弈，也可以说是一场负和博弈。表面上看大家一起阻止了孩子拉琴，获得了清净，但是从另一方面说，邻里间反目成仇也是一种损失。

零和博弈的特点在于参与者之间的利益是存在冲突的，那么我们就真的没有什么办法来改变这种结局吗？事实并不是这样，我们来看一下电影《美丽心灵》中的一个情景。

一个炎热的下午，纳什教授到教室去给学生们上课。窗外楼下有工人正在施工，机器产生的噪音传到了教室中。不得已，纳什教授将教室的窗户都关上，以阻止这刺耳的噪音。但是关上窗户之后就面临着一个新的问题，那就是太热了。学生们开始抗议，要求打开窗户。纳什对这个要求断然拒绝，他认为教室的安静比天气热带来的不舒服重要得多。

让我们来看一下这场博弈，假设打开窗户，同学们得到清凉，解除炎热，他们得到的利益为1，但是开窗就不能保证教室安静，纳什得到的利益就是-1；如果关上窗户，学生们会感觉闷热、不舒服，得到的利益为-1，而纳什得到了自己想要的安静，得到的利益为1。总之，无论开窗还是不开窗，双方的利益之和均为0，说明这是一场零和博弈。

难道这个问题就没有解决方法吗？我们继续看剧情。

当大家准备忍受纳什的选择的时候，一个漂亮的女同学站了起来，她走到窗户边上打开了窗户。纳什显然对此不满，想打断她，这其实是博弈中参与者对自己利益的保护。但是这位女同学打开窗户后对在楼下施工的工人们说："嗨！不好意思，我们现在有点小问题，关上窗子屋里太热，打开窗子又太吵，你们能不能先到别的地方施工，一会儿再回来？大约45分钟。"楼下的工人说没问题，便选择了停止施工。问题解决了，纳什用赞许的眼光看着这位女同学。

让我们再来分析一下，此时外面的工人已经停止了施工，如果选择开窗，大家将既享受到清凉，又不会影响安静；如果选择关窗，大家只能得到安静，得不到清凉。这个时候纳什与学生们都会选择开窗，因为他们此时的利益不再冲突，而是相同，所以他们之间已经不存在博弈。这个故事告诉我们，解决负和博弈的关键在于消除双方之间关于利益的冲突。

第7节 最理想的结局：双赢

正和博弈就是参与各方本着相互合作、公平公正、互惠互利的原则来分配利益，让每一个参与者都满意的博弈。

有一种鸟被称为鳄鱼鸟，它们专门从鳄鱼口中觅食。鳄鱼凶残无比，却允许一只小鸟到自己的牙缝中找肉吃，这是为什么呢？因为它们之间是相互合作的关系，鳄鱼为鳄鱼鸟提供食物，鳄鱼鸟除了能用自己的鸣叫报告危险情况以外，还能清理鳄鱼牙缝间的残肉，避免滋生细菌。所以它们能够和谐相处，成为好搭档。

博弈中发生冲突的时候，充分了解对方，取长补短，各取所需，往往会使双方走出负和博弈或者零和博弈，实现合作共赢。

　　看这样一个例子，一对双胞胎姐妹要分两个煮熟的鸡蛋，妈妈分她们每人一个。姐姐只喜欢吃蛋清，所以她只吃掉了蛋清，扔掉了蛋黄；相反，妹妹只喜欢吃蛋黄，便把蛋清扔掉了。这一幕被她们的爸爸看在眼里。下次分鸡蛋的时候，爸爸分给姐姐两个蛋清，分给妹妹两个蛋黄，这样既没有浪费，每个人又多吃到了自己喜欢的东西。

　　再看一个例子，有一对老年夫妻，丈夫是个哑巴，不会说话，妻子下半身残疾，不能走路。由于丈夫不会说话，所以出去买东西，与人打交道都不方便；而妻子由于不能走路，整天待在家中，非常苦闷。为了解决两位老人的烦恼，他们的儿女为他们买了一辆三轮车。此后，丈夫出去的时候便带着妻子，买东西、与人交际的时候就让妻子说话；而妻子呢，也可以出去到处转转，不用老待在家中苦闷。一辆三轮车，解决了两个人的烦恼，同时又使两人取长补短。

　　合作共赢的模式在古代战争期间经常被小国家采用，他们自己无力抵抗强国，便联合其他与自己处境相似的国家，结成联盟。其中最典型的例子莫过于春秋战国时期的"合纵"策略。

　　春秋战国时期，各国之间连年征战，为了抵抗强大的秦国，苏秦凭借自己的三寸不烂之舌游说六国结盟，采取"合纵"策略。一荣俱荣，一损俱损。正是这个结盟使得强大的秦国不敢轻易出兵，换来了几十年的和平。在此之前，六国在面临强敌的时候，总是想尽一切手段自保，六国之间偶尔也会发生征战。这个时候，秦国往往坐山观虎斗，坐收渔翁之利。自从六国结盟之后，六国间不再争斗，而是团结一心，共同对抗秦国。

眼看六国团结如铁，无法完成统一大业，秦国的张仪便游说六国，说服他们单独同秦国交好，以瓦解他们的结盟。六国中齐国与楚国是实力最强大的两个国家，张仪便从这两个国家开始。他先是拆散了齐国与楚国之间的结盟，又游说楚国同秦国交好。之后，张仪又用同样的手段拆散了其他国家之间的结盟，为秦国统一六国做好了前期准备。等秦国相继消灭了韩国、赵国、魏国的时候，其他国家因为结盟已经被拆散，怕惹火上身，不敢贸然出兵。最终他们也没能逃脱被灭亡的命运。

六国间的结盟便是一场正和博弈，博弈的参与各方都得到了自己想要的东西，即不用担心秦国的入侵。可惜的是，这场正和博弈最后变成了负和博弈。他们放弃了合作，纷纷与秦国交好，失去了作为一个整体与秦国对话的优势，最后导致灭亡。

从古代回到现代，中国与美国是世界上的两个大国，我们从两国的经济结构和两国之间的贸易关系来谈一下竞争与合作。

中国经济近些年一直保持着高速增长。但是同美国相比，中国的产业结构调整还有很长的路要走。美国经济中，第三产业的贡献达到 GDP 总量的 75.3%，而中国只有 40% 多一点。进出口方面，中国经济对进出口贸易的依赖比较大，进出口贸易额已经占到 GDP 总量的 66%。美国随着第三产业占经济总量的比重越来越大，进出口贸易对经济增长的影响逐渐减弱。美国是中国的第二大贸易伙伴，仅次于日本。由于中国现在的很多加工制造业都是劳动密集型产业，所以生产出的产品物美价廉，深受美国人民喜欢。这也是中国对美国贸易顺差不断增加的原因。

中国对进出口贸易过于依赖的缺点是需要看别人脸色，主动权不掌握在自己手中。2008 年掀起的全球金融风暴中，中国沿海的制造业便受到重创，很多以出口为主的加工制造企业纷纷倒闭。同时对美国贸易顺差不断增加并不一定是件好事，顺差越多，美国就会制定越多的贸易壁垒，以保护本国的产业。

由此可见，中国首先应该改善本国的产业结构，加大第三产业占经济总量的比重，减少对进出口贸易的依赖，将主动权掌握在自己的手中。同时，根据全球经济一体化的必然趋势，清除贸易壁垒，互惠互利，不能只追求一时的高顺差，要注意可持续发展。也就是竞争的同时不要忘了合作，双赢是当今世界的共同追求。

20 世纪可以说是人类史上最复杂的一个世纪，爆发了两次世界大战，战后经济、科技飞速发展，全球一体化程度日益加深。同时也面临一些共同的问题，比如环境污染。这一系列发展和问题让人们意识到，只有合作才是人类唯一的出路。双赢博弈也逐渐取代了零和博弈，通过合作实现共赢已经成为了当今社会的共识。无论是在人际交往方面，还是企业与企业之间、国与国之间都是如此。

然而，合作共赢有时候只是一个梦想和目标。我们为找到这样的目标欢呼的同时，不要忘了在很多领域中"零和博弈"是不能被"正和博弈"取代的，再加上人的贪心，往往让合作只停留在梦想阶段。比如在股市当中，原本股市投资是为了获取公司收益的分成，但是由于高回报的诱惑，现在被演化成了赚取买卖之间的差额。有人买就得有人卖，有人赚钱就会有人赔钱。

由此可见，有时候需要人们理性地对待合作，我们距离真正合作共赢的时代还有很长的路需要走。

第8节 经济离不开博弈论

博弈论最早的应用领域是经济学，"博弈论革命"被称为经济学史上除了"边际分析革命""凯恩斯革命"之外的第三次伟大革命，它为人们提供了一种解决经济问题的新方法。由于贡献突出，诺贝尔经济学奖分别于 1994 年、1996 年和 2005 年颁发给博弈论学者。这也都说明了博弈论已经成为经济学中思考和解决问题的一种有效手段。下面就让我们看一下，博弈论是如何在经济领域发挥作用的。

有市场就少不了竞争，而竞争面临最大的问题是双方都陷入"囚徒困境"，最简单的例子便是同行之间的恶性竞争——价格大战。当一方选择降价的时候，另一方只能选择降价，不降价将失去市场，而降价则会降低收益。这种困境便是"囚徒困境"。这个问题反映在社会中各个方面，不过最多的还是体现在商家之间的竞争中，导致的结果多为两败俱伤。

经过博弈论分析，这个问题的解决途径便是双方进行合作。这也是双方走出恶性竞争最有效的方式。当然，合作即意味着双方都选择让步。因此，合作既能带来收益，又面临着被对方背叛的危险。合作的达成需要考虑到很多方面的因素，个人道德是一方面，法律保障的合约是一方面，最重要的是要有共同利益。此外，合作还需要组织者，世界经济贸易组织（WTO）、石油合作组织（OPEC）等都是这类组织。

凡是事物都有两方面，既然陷入"囚徒困境"是痛苦的，那我们可以将这种痛苦施加到对手身上。假设你的工厂有两个主要供货商，你可以对一方承诺如果他降价，则将订单全部给他；这个时候另外一个供货商便会选择降价，以保住自己的订单。这样，两个对手便陷入了一场价格战中，受益一方则是你。

上面仅是博弈论中"囚徒困境"模式在经济方面的一些体现和应用。除了竞争与合作以外，如何合理分配也是一个非常重要的问题。博弈论中"智猪博弈"模式便会涉及这个问题。一头大猪和一头小猪在一起，大猪去碰按钮之后投下的食物两头猪会一起吃，而若是小猪去碰按钮，还没跑到食槽，投下的食物便被大猪都吃完了。因此，对于小猪来说，去主动碰按钮还不如老老实实等着"搭便车"。这个问题涉及经济中的分配问题，如一些员工工作不认真、不积极，靠着工作小组或者团队取得的成绩跟别人拿一样的奖金。这个时候，其他成员会觉得付出多回报少，便都会选择不出力，等着"搭便车"。这就需要企业建立一种公平的奖惩机制，多劳多得。

"智猪博弈"给我们的启示除了建立公平的奖惩机制以外，再就是"小猪如何跑赢大猪"，也就是弱者战胜强者。从这个角度来看，"搭便车""抱大腿"便成为了一种比较有效的方式。也就是利用别人的优势来为自己争取利益。比如，当你的公司研制出一款最新产品的时候，恰逢某一大型企业也研制了类似的产品。假设你的企业是小企业，这时候你就没有必要花钱去做广告。因为大企业肯定会花大钱做广告，开辟市场，而你只需要跟在他后面走就行。等市场打开了，你需要做的只是将你的同类型产品在商场中和大公司的品牌放到一起。这个时候别人有品牌优势，而你有价格优势。因为你没有付出广告费，价格里面没有广告成本，所以价格会相对便宜。这便是典型的"搭便车"。

此外，博弈论中还会讲到公平分配、讨价还价等问题，都与经济和市场有很大的关系。经济活动主要是以营利为目的的商业行为。这其中既包含着竞争，也包含着分配。以为自己争取最大利益为目标，不顾对方利益的博弈称为非合作性博弈，这种博弈以竞争为主体；而以分配和平衡利益为主体的便是合作性博弈。合作性博弈中也包含着讨价还价，合作可以说是在一定前提和框架中的相互竞争。这个时候，讨价还价和学会谈判便显得尤为重要。关于讨价还价和谈判的知识，后面会有详细介绍。

商场如战场，商场上决定博弈胜负的是做出的决策，而制定决策的依据是信息。因此，收集和分析对方信息便显得格外重要。掌握信息越多越全面的人，往往能制定出制胜的决策。这就好比打牌一样，如果你知道了对方手中的牌，即使你手中的牌不如对方的牌好，你照样可以战胜他。商战中也是如此，注意收集对手的信息，注意掌握自己的信息，注意关注市场的信息，做到知彼知己，方可百战不殆。很多商家不惜派出商业间谍去收集情报，以期望能占领信息高地。收集的信息需要分析，并以此制定出策略。信息好比是火药，而策略便是子弹，火药越多，其杀伤力便越大。

信息还可以分为私有信息和公共信息，当你掌握的信息属于私有信息的时候你该做出什么样的决策？当你掌握的信息属于公共信息的时候，又该做出什么样的决策？这都是商战中经常会面临的问题。如果你有一个策略，无论对手选择什么样的策略，这个策略都会给你带来最大收益，那你就应该选择这一策略，不用去考虑对手的选择。这是一种优势策略。如果你的策略需要参照对方的策略来制定的话，你需要推测对方的选择，然后据此制定自己的策略。

上面列举的是博弈论在经济方面的一些体现和应用，这只是其中很少的一部分。可以说，经济领域涉及的任何问题都能在博弈论中找到相对应的模式和解答。博弈论的核心是参与者通过制定策略为自己争取最大利益。综观政治、经济、文化等领域，当前博弈论应用最广泛的便是经济领域。经济领域中每个人都是在通过自己的努力和策略为自己争取到更多的利益，小到个人的薪水，大到国际间的货币、能源战争，其中的核心思想同博弈论是相通的。因此，掌握好博弈论对于解决经济问题非常有帮助。

纳什均衡

第 1 节 纳什：天才还是疯子？

《美丽心灵》是一部非常经典的影片，它再现了伟大的数学天才约翰·纳什的传奇经历，影片本身以及背后的人物原型都深深地打动了人们。这部影片上演后接连获得了第 59 届金球奖的 5 项大奖，以及 2002 年第 74 届奥斯卡奖的 4 项大奖。纳什是一位数学天才，他提出的"纳什均衡"是博弈论的理论支柱。同时，他还是诺贝尔经济学奖获得者。但这并不是他的全部，只是他传奇人生中辉煌的一面。我们在讲述"纳什均衡"之前，先来了解这位天才的传奇人生。

纳什于 1928 年出生在美国西弗吉尼亚州。他的家庭条件非常优越，父亲是工程师，母亲是教师。纳什小时候性格孤僻，不愿意和同龄孩子一起玩耍，喜欢一个人在书中寻找快乐。当时纳什的数学成绩并不好，但还是展现出了一些天赋。比如，老师用一黑板公式才能证明的定理，纳什只需要几步便可完成，这也时常会让老师感到尴尬。

1948 年，纳什同时被 4 所大学录取，其中便包括普林斯顿、哈佛这样的名校，最终纳什选择了普林斯顿。当时的普林斯顿学术风气非常自由，云集了爱因斯坦、冯·诺依曼等一批世界级的大师，并且在数学研究领域一直独占鳌头，是世界的数学中心。纳什在普林斯顿如鱼得水，进步非常大。

1950 年，纳什发表博士论文《非合作博弈》，他在对这个问题继续研究之后，同年又发表了一篇论文《n 人博弈中的均衡点》。这两篇论文不过是几十页纸，中间还掺杂着一些纳什画的图表。但就是这几十页纸，改变了博弈论的发展，甚至可以说改变了我们的生活。他将博弈论的研究范围从合作博弈扩展到非合作博弈，应用领域也从经济领域拓展到几乎各个领域。可以说"纳什均衡"之后的博弈论变成了一种在各行业各领域通用的工具。

发表博士论文的当年，纳什获得数学博士学位。1957 年他同自己的女学生阿丽莎结婚，第二年获得了麻省理工学院的终身学位。此时的纳什意气风发，不到 30 岁便成为了闻名遐迩的数学家。1958年，《财富》杂志做了一个评选，纳什被评选为当时数学家中最杰出的明星。

上帝喜欢与天才开玩笑，处于事业巅峰时期的纳什遭遇到了命运的无情打击，他得了一种叫作"妄想型精神分裂症"的疾病。这种精神分裂症伴随了他的一生，他常常看到一些虚幻的人物，并且开始衣着怪异，上课时会说一些毫无意义的话，常常在黑板上乱写乱画一些谁都不懂的内容。这使得他无法正常授课，只得辞去了麻省理工大学教授的职位。

辞职后的纳什病情更加严重，他开始给政治人物写一些奇怪的信，并总是幻觉自己身边有许多苏联间谍，而他被安排发掘出这些间谍的情报。精神和思维的分裂已经让这个曾经的天才变成了一个疯子。

他的妻子阿丽莎曾经深深地被他的才华折服，但是现在面对着精神日益暴躁和分裂的丈夫，为了保护孩子不受伤害，她不得不选择同他离婚。不过，他们的感情并没有就此结束，她一直在帮他恢复。1970年，纳什的母亲去世，他的姐姐也无力抚养他，当纳什面临着露宿街头的困境时阿丽莎接收了他，他们又住到了一起。阿丽莎不但在生活中细致入微地照顾纳什，还特意把家迁到僻静的普林斯顿，远离大城市的喧嚣，她希望曾经见证纳什辉煌的普林斯顿大学能重新唤起纳什的才情。

妻子坚定的信念和不曾动摇过的爱深深地感动了纳什，他下定决心与病魔做斗争。最终在妻子的照顾和朋友的关怀下，20世纪80年代纳什的病情奇迹般地好转，并最终康复。至此，他不但可以与人沟通，还可以继续从事自己喜欢的数学研究。在这场与病魔的斗争中，他的妻子阿丽莎起到了关键作用。

走出阴影后的纳什成为1985年诺贝尔经济学奖的候选人，依据是他在博弈论方面的研究对经济的影响。但是最终他并没有获奖，原因有两个方面，一方面当时博弈论的影响和贡献还没有被人们充分认识；另一方面瑞典皇家学院对刚刚病愈的纳什还不放心，毕竟他患精神分裂症已经将近30年了，诺贝尔奖获得者通常要在颁奖典礼上进行一次演说，人们担心纳什的心智没有完全康复。

等到了1994年，博弈论在各领域取得的成就有目共睹，机会又一次靠近了纳什。但是此时的纳什没有头衔，瑞典皇家学院无法将他提名。这时纳什的老同学、普林斯顿大学的数理经济学家库恩出马，他先是向诺贝尔奖评选委员会表明：纳什获得诺贝尔奖是当之无愧的，如果以身体健康为理由将他排除在诺贝尔奖之外的话，那将是非常糟糕的一个决定。同时库恩从普林斯顿大学数学系为纳什争取了一个"访问研究合作者"的身份。这些努力没有白费，最终纳什站在了诺贝尔经济学奖高高的领奖台上。

当年，同时获得诺贝尔经济学奖的还有美国经济学家约翰·海萨尼和德国波恩大学的莱茵哈德·泽尔腾教授。他们都是在博弈论领域做出过突出贡献的学者，这标志着博弈论得到了广泛的认可，已经成为经济学的一个重要组成部分。

经过几十年的发展，"纳什均衡"已经成为博弈论的核心，纳什甚至已经成了博弈论的代名词。看到今天博弈论蓬勃地发展，真的不敢想象没有约翰·纳什的博弈论世界会是什么样子。

第 2 节 解放博弈论

我们一直在说纳什在博弈论发展中所占的重要地位，但是感性的描述是没有力量的，下面我们将从博弈论的研究和应用范围具体谈一下纳什的贡献，看一下"纳什均衡"到底在博弈论中占有什么地位。

前面我们已经介绍过了，博弈论是由美籍匈牙利数学家冯·诺依曼创立的。创立之初博弈论的研究和应用范围非常狭窄，仅仅是一个理论。1944 年，随着《博弈论与经济行为》的发表，博弈论开始被应用到经济学领域，现代博弈论的系统理论开始逐步形成。

直到 1950 年纳什创立"纳什均衡"以前，博弈论的研究范围仅限于二人零和博弈。我们前面介绍过博弈论的分类，按照博弈参与人数的多少，可以分为两人博弈和多人博弈；按照博弈的结果可以分为正和博弈、零和博弈和负和博弈；按照博弈双方或者多方之间是否存在一个对各方都有约束力的协议，可以分为合作博弈和非合作博弈。

纳什之前博弈论的研究范围仅限于二人零和博弈，也就是参与者只有两方，并且两人之间有胜有负，总获利为零的那种博弈。

两人零和博弈是游戏和赌博中最常见的模式，博弈论最早便是研究赌博和游戏的理论。生活中的二人零和博弈没有游戏和体育比赛那么简单，虽然是一输一赢，但是这个输赢的范围还是可以计算和控制的。冯·诺依曼通过线性运算计算出每一方可以获取利益的最大值和最小值，也就是博弈中损失和赢利的范围。计算出的利益最大值便是博弈中我们最希望看到的结果，而最小值便是我们最不愿意看到的结果。这比较符合一些人做事的思想，那就是"抱最好的希望，做最坏的打算"。

二人零和博弈的研究虽然在当时非常先进和前卫，但是作为一个理论来说，它的覆盖面太小。这种博弈模式的局限性显而易见，它只能研究有两人参与的博弈，而现实中的博弈常常是多方参与，并且现实情况错综复杂，博弈的结局不止有一方获利另一方损失这一种，也会出现双方都赢利，或者双方都没有占到便宜的情况。这些情况都不在冯诺依曼当时的研究范围内。

这一切随着"纳什均衡"的提出全被打破了。1950年，纳什写出了论文《n人博弈中的均衡点》，其中便提到了"纳什均衡"的概念以及解法。当时纳什带着自己的观点去见博弈论的创始人冯·诺依曼，遭到了冷遇，之前他还遭受过爱因斯坦的冷遇。但是这并不能影响"纳什均衡"带给人们的轰动。

从纳什的论文题目《n人博弈中的均衡点》中可以看出，纳什主要研究的是多人参与，非零和的博弈问题。这些问题在他之前没人进行过研究，或者说没人能找到对于各方来说都合适的均衡点。就像找出两条线的交汇点很容易，如果有的话，但是找出几条线的共同交汇点则非常困难。找到多方之间的均衡点是这个问题的关键，找不到这个均衡点，这个问题的研究便会变得没有意义，更谈不上对实践活动有什么指导作用。而纳什的伟大之处便是提出了解决这个难题的办法，这把钥匙便是"纳什均衡"，它将博弈论的研究范围从"小胡同"里引到了广阔天地中，为占博弈情况大多数的多人非零和博弈找到了意义。

纳什的论文《n人博弈中的均衡点》就像惊雷一样震撼了人们，他将一种看似不可能的事情变成了现实，那就是证明了非合作多人博弈中也有均衡，并给出了这种均衡的解法。"纳什均衡"的提出，彻底改变了人们以往对竞争、市场，以及博弈论的看法，它让人们明白了市场竞争中的均衡同博弈均衡的关系。

"纳什均衡"的提出奠定了非合作博弈论发展的基础，此后博弈论的发展主要便是沿着这条线进行。此后很长一段时间内，博弈论领域的主要成就都是对"纳什均衡"的解读或者延伸。甚至有人开玩笑说，如果每个人引用"纳什均衡"一次需要付给纳什一美元的话，他早就成为最富有的人了。

不仅是在非合作博弈领域，在合作博弈领域纳什也有突出的贡献。合作型博弈是冯·诺依曼在《博弈论与经济模型》一书中建立起来的，非合作型博弈的关键是如何争取最大利益，而合作型博弈的关键是如何分配利益，其中分配利益过程中的相互协商是非常重要的，也就是双方之间你来我往的"讨价还价"。但是冯·诺依曼并没有给出这种"讨价还价"的解法，或者说没有找到这个问题的解法。纳什对这个问题进行了研究，并提出了"讨价还价"问题的解法，他还进一步扩大范围，将合作型博弈看作某种意义上的非合作性博弈，因为利益分配中的讨价还价问题归根结底还是为自己争取最大利益。

除此之外，纳什还研究博弈论的行为实验，他就曾经提出过，简单的"囚徒困境"是一个单步策略，若是让参与者反复进行实验，就会变成一个多步策略。单步策略中，囚徒双方不会串供，但是在多步策略模式中，就有可能发生串供。这种预见性后来得到了验证，重复博弈模型在政治和经济上都发挥了重要作用。

纳什在博弈论上做出的贡献对现实的影响得到越来越多的体现。20世纪90年代，美国政府和新西兰政府几乎在同一时间各自举行了一场拍卖会。美国政府请经济学家和博弈论专家对这场拍卖会进行了分析和设计，参照因素就是让政府获得更多的利益，同时让商家获得最大的利用率和效益，在政府和商家之间找到一个平衡点。最终的结局是皆大欢喜，拍卖会十分成功，政府获得巨额收益，同时各商家也各取所需。而新西兰举行的那场拍卖会却是非常惨淡，关键原因是在机制设计上出现了问题，最终大家都去追捧热门商品，导致最后拍出的价格远远高于其本身的价值；而一些商品则无人问津，甚至有几种商品只有一个人参与竞拍，以非常低的成交价就拍走了。

正是因为对现实影响的日益体现，所以1994年的诺贝尔经济学奖被授予了包括纳什在内的三位博弈论专家。

我们最后总结一下纳什在博弈论中的地位，中国有句话叫"天不生仲尼，万古长如夜"。意思是老天不把孔子派到人间，人们就像永远生活在黑夜里一样。我们如果这样说纳什同博弈论的关系的话，就会显得夸张。但是纳什对博弈论的开拓性发展是任何人都无可比拟的，在他之前的博弈论就像是一条逼仄的胡同，而纳什则推倒了胡同两边的墙，把人们的视野拓展到无边的天际。

第 3 节 纳什均衡

诺贝尔经济学奖获得者萨缪尔森曾经说过：如果你想把一只鹦鹉训练成经济学家，只需要让它掌握两个词语：供给与需求。后来博弈论专家坎多瑞又补充为：想成为经济学家，只懂得供给与需求还不够，你还需要多掌握一个词，那就是"纳什均衡"。

"纳什均衡"的概念来自纳什的两篇论文《n 人博弈中的均衡点》和《非合作博弈》，纳什在论文中介绍了合作性博弈与非合作性博弈的区别，并给出了"纳什均衡"的定义。

"纳什均衡"，简单地说就是多人参加的博弈中，每个人根据他人的策略制定自己的最优策略。所有人的这些策略组成一个策略组合，在这个策略组合中，没有人会主动改变自己的策略，那样会降低他的收益。只要没有人做出策略调整，任何一个理性的参与者都不会主动改变自己的策略。这个时候，所有参与者的策略便达成了一种平衡，这种平衡便是"纳什均衡"。

博弈论是应用数学的分支，因此最严谨的"纳什均衡"表达方式需要用数学公式。用数学方式表达的"纳什均衡"的定义：在博弈 G={S1，…，Sn : u1，…，un} 中，如果由各个博弈方的各个策略组成的某个策论组合（s1*，…，sn*）中，任一博弈方 i 的策论 si*，都是对其余博弈方策略组合（s1*，…s*i-1，…，s*i+1，…，…，sn*）的最佳对策，也即 ui（s1*，…，s*i-1，si*，s*i+1，…，sn*）≥ ui（s1*，…s*i-1，sij*，s*i+1，…，sn*）对任意 sij ∈ Si 都成立，则称（s1*，…，sn*）为 G 的一个"纳什均衡"。

如果你的数学不够好，这串数学表达式让你阅读起来有难度的话，请不要担心，本书中主要的表达方式是语言描述加上通俗易懂的表格，此处引用数学表达式，只为严谨。

"纳什均衡"主要来研究非合作博弈中的均衡，因此也被称为非合作博弈均衡。"纳什均衡"的一个特别之处在于通俗易懂，有人把"纳什均衡"比喻成锅里的乒乓球。如果你把几个乒乓球放到锅里，它们便会向锅底滚去，并在锅底相互碰撞，最后停住不动的时候便达成了一种平衡，这个时候如果动了其中的一个，其他乒乓球便会受影响，如果想要保持住这种平衡，就不能动其中任何一个乒乓球，一直保持下去。这个比喻中，乒乓球代表各参与者的策略，乒乓球最后停留在锅底形成的平衡便是"纳什均衡"。

"囚徒博弈"这个案例前面我们已经介绍过了，它是"纳什均衡"最有名的案例，我们再简单回想一下。甲、乙两位盗贼犯罪后被警察抓住，警察对他们进行单独审讯，并分别告诉他们：如果一方坦白招供，另一方抵赖、拒不认罪，那么招供一方可以当即释放，抵赖的一方则要判刑 10 年；如果双方都认罪，每人判 8 年；如果双方都拒不认罪，那么警方会因为证据不足，只能判处他们私闯民宅，不能判处他们入室盗窃，每人只判1年。用矩阵图表示如下：

罪犯乙

		坦白	不坦白
罪犯甲	坦白	（8，8）	（0，10）
	不坦白	（10，0）	（1，1）

　　"纳什均衡"中，一方会根据对方的策略制定自己的最优策略。通过上面图表可以看出"囚徒困境"中包含着两个"纳什均衡"：(8,8)和（1,1）。如果罪犯甲选择坦白，罪犯乙的最优策略也是选择坦白；如果罪犯甲选择不坦白，罪犯乙的最优策略也是选择不坦白。其中，两名罪犯都选择不坦白得到的"纳什均衡"是一种好均衡，双方都选择坦白得到的均衡是一种坏均衡。

　　这个案例中，由于两人被隔离审讯，不能串供，因此都不知道对方的策略。这个时候，受到自保的本能和心理的影响，他们会选择坦白。原因很简单，若是坦白最多坐8年牢，若是不坦白最多坐10年牢。再说了，要是侥幸同伙不坦白而自己坦白的话，就可以当即释放了。这样来看，坦白是最好的选择。其实，他的同伙也是这样想的，也选择坦白，最终两人每人被判8年，警察收到了自己满意的结果。由于信息的不沟通，两人为了自己最大利益的追求放弃了好的均衡，选择了坏的均衡。

　　根据"纳什均衡"的定义我们可以知道，一场博弈中并不一定只有一个"纳什均衡"，但是均衡之间有好坏之分。比如"囚徒困境"中，两名囚犯同时选择不坦白，得到的均衡便是好的均衡。同时选择坦白，得到的均衡便是坏的均衡。好均衡的结果是双方受益，坏均衡的结果是双方亏损，或者受益没有好均衡那样多。"纳什均衡"中各方策略的制定都是对对方策略的最佳反应，以为自己争取最大利益为目的，好均衡与坏均衡都是如此。

好均衡与坏均衡之间有时候可以转换。古时候，楚国和魏国交界处有一个小县城，城中的居民都以种瓜为生。有一年，天气大旱。魏国一边的村民比较勤劳，白天挑水浇瓜，瓜苗长势喜人；而楚国一边的村民比较懒，所以瓜苗长得又枯又黄。楚国村民看着魏国一边的瓜苗绿油油一片，而自己这边又枯又黄，于是心生嫉妒，夜里组织人到魏国一边去搞破坏，将瓜苗拔出来扔到一边。

魏国的村民知道之后，非常气愤，决定以牙还牙，报复楚国的村民。但是，村长却反对这样做。他认为报复的结局是两败俱伤，最终两个村到了秋后谁也收获不了瓜。最后村长提出了一个想法，那就是以德报怨，晚上组织村民偷偷到楚国一边的村庄田地里，替他们给瓜苗浇水。

村民们按照村长说的去做，最后楚国的村民看到自己田里的瓜苗变绿了，并且知道是魏国的村民晚上来偷偷浇水，都感到非常羞愧。为了表示歉意，楚国村民晚上偷偷到魏国村庄的田地里去替他们重新种上了瓜苗。最终，双方平安无事，从此和谐相处。

我们看一下其中的均衡是如何转换的，我们将这个故事中双方的博弈制作成一个简单的博弈模型。假设选择去损毁对方瓜苗为 A 策略，而选择去以德报怨，相互帮助为 B 策略。瓜苗被损毁，所得利益为 0，没有被损毁所得利益为 10。这样我们就会得到一个简单的博弈矩阵图：

魏国

		A 策略	B 策略
楚国	A 策略	（0，0）	（10，0）
	B 策略	（0，10）	（10，10）

　　这场博弈中存在两个"纳什均衡"：如果一方选择损毁对方瓜苗，另一方的最优对应策略是选择报复，再一个便是双方同时选择相互帮助。两个均衡的结果也截然相反，第一个均衡的结局是（0，0），两败俱伤，第二个均衡的结果是（10，10），实现双赢。可见双方相互报复的平衡是坏平衡，相互帮助的平衡是好平衡。

　　很明显，（A，A）的策略组合是一种坏的策略组合，因为它会导致（0，0）的最坏结局。不过，这仍是一种"纳什均衡"。因为对方选择 A 策略的时候，你的最优选择也是 A 策略，这个时候形成的策略组合便是"纳什均衡"。同样，（B，B）的策略组合也是"纳什均衡"，（10，10）的结果是双方都想得到的。（A，B）和（B，A）的策略组合不是"纳什均衡"。这也说明一场博弈中可以有多个"纳什均衡"，并且有优劣之分。

　　故事中楚国最先选择了 A 策略，按照博弈论的分析，选择 A 策略是魏国最好的回应，也就是以牙还牙。这种想法非常符合我们日常的行为习惯，你不让我好过，我也不让你好过。这样选择的结果将会达成一种平衡，不过是坏的平衡。但是魏国人没有选择报复，而是用行动来感化对方，选择了 B 策略。最终楚国人被感化，也选择了 B 策略，双方达成了一种新的均衡。这时候的均衡是一种好的"纳什均衡"。

这里面存在一个问题，那就是博弈模型同现实情况之间的差异。理性的博弈分析中，选择报复是最优决策。而现实情况中则要考虑很多其他影响因素，比如以后低头不见抬头见之类的。以德报怨不是博弈分析中的最优决策，但是却可以解决现实问题。相互报复会陷入恶性循环，"冤冤相报何时了"，所以即使不能感化对方，也不应该采取报复。再说，魏国村民之所以会做出以德报怨的决策，肯定是对楚国村民的民风民俗很了解，知道他们会被感化。若是同水火不容的敌人之间，则不会有忍让。这些都是出于对现实情况的考虑。

第 4 节 挑战亚当·斯密

挑战权威在今天不算是什么大事情，甚至一些人为了炒作，特别喜欢挑战权威。但是在历史上，挑战权威是一件非常危险的事情，很多人甚至为此丢掉了性命。布鲁诺因为宣传"日心学"，被教会烧死在罗马的百花广场上，这是教会对他挑战"地心说"权威的惩罚；同样是天文学家的哥白尼，直到临死之前才把自己关于"日心说"的著作发表，这样做是为了避免教会的迫害；当年达尔文发表"进化论"的时候，引起了轩然大波，这场争论延续至今。权威之所以难以挑战，是因为他们的理论早已植入人心，成为定论。纳什也挑战了一回权威，这个权威便是西方经济学之父亚当·斯密。

亚当·斯密是西方现代经济学的创立人，被称为"现代经济学之父"。他的传世经典《国富论》，更是西方经济学的根本，在西方经济学中，他的地位就像耶稣一样，不可动摇。但是纳什却指出了他的一个错误，从传统意义上来说，他动摇了亚当·斯密建立的西方经济学的基础，引发了经济学中的一次革命。

亚当·斯密认为每个人做出对自己有利选择的时候，对这个社会也最有利。他多次在自己的著作中提到这一点。

他在《国民财富的性质和原因的研究》中说："当每个人都在追求自己私利的时候，市场这只看不见的手就会发挥出最佳的效果，社会将得到最大的收益。"

他在《国富论》中说道："我们餐桌上的牛肉、啤酒和面包并不是屠夫、啤酒酿造者和面包店老板发善心，白白送给我们的，推动他们这样做的是对利益的追求，若是每个人只追求自己的利益和安全，在这个追求过程中就会自然而然地给别人带来利益，由此带来的社会利益，比他们专门去提升社会利益还要来得有效。"

他认为追求自己利益最大化的同时会给社会带来收益，通俗一点说就是每个人把自己的事情做好了，社会便好了。这句话听上去似乎有道理，也被大家接受了很多年，但它是错误的，这个错误多年以后被纳什发现了。

我们来看一下亚当·斯密错在了哪里，纳什又是如何纠正这个问题的。在拔河比赛中，每一名队员都使出最大的力气，整支队伍便会发挥出最好的成绩。在这里，每个人为自己谋取最大的利益，便会得到最大的整体利益，正符合亚当·斯密的理论。但是现实社会中情况远比拔河复杂，拔河的时候同一支队伍中的人都是朝着一个方向努力，不存在博弈问题，而现实生活中的人们不是如此。他们虽然有着共同的目标，却是朝着不同方向用力。因此，并不是每个人的个体利益相加便会得到社会总体的整体利益。

"纳什均衡"需要考虑博弈中每一个参与者的决策，但是并不意味着每一个人都选择对自己最优的决策便能得到最好的结果。比如"囚徒博弈"中，每个人最希望得到的结果便是自己坦白，同伙不坦白，那样他们就可以被当即释放。但是两个人如果都这样想，便都会选择坦白，得到的结果是（8，8），每人坐牢8年。这并不是对于两人来说最好的结局，最好的结局是两人都不坦白，每人坐1年牢。

"纳什均衡"提出之前，没有人怀疑亚当·斯密，人们认为只要提供和保障一个良好的市场机制，保障参与其中的人们能公平竞争，社会利益自然会增大。当时社会经济的重点是建立和保障有一个公平的机制。但"纳什均衡"告诉大家，每一个人都是理性的，得到的结果未必就是理性的。以纳什为原型拍摄的电影《美丽心灵》中有一个故事，可以很好地阐释个人理性与集体理性之间的关系。

纳什同3个朋友在一家酒吧里喝酒，此时进来了5位漂亮的姑娘，其中一位比其他4位要漂亮一点。纳什与3个朋友想邀请对方跳舞，这个时候他们有几个策略可以选择：

第一种，按照亚当·斯密的理论，也是我们常人最理性的方式，会先去邀请最漂亮的那位小姐跳舞，如果得不到最漂亮的，再退而求其次，邀请其他人。这是一种相对于个人而言最优的策略，也是一种理性的策略。但是每个人都这样做的话，得到的结果是否会与亚当·斯密所说的一样，是一种最大化的集体利益呢？

纳什否认了这种策略，他分析道：若是每个人追求自己最大化的利益，都去邀请那位最漂亮的小姐，结果只能是4个男人互相掐架，结果谁也邀请不到。等他们退而求其次再去找其他姑娘的时候，另外4位姑娘会觉得自己是别人的第二选择，是别人的替代品，因此拒绝他们的邀请，这样一来，4位男士最终将一无所获。

纳什找出了这其中的"纳什均衡"，提出了自己的策略：每个人都不去邀请那位最漂亮的姑娘，而是邀请另外4位姑娘，这样每个人都可以得到一个舞伴，彼此之间又不会起冲突。

在这场邀请舞伴的博弈中，若是每个人都是理性的，那他们将一无所获；而若是每个人都根据对手的策略制定好自己的策略，找到一个策略间的均衡时，那么大家就会各有所获。归根结底，亚当·斯密将社会总利益认为是所有个体利益之和，而纳什考虑了这些个体利益之间可能是矛盾的，他认为想得到最大化的社会利益，需要在所有个体利益之间找到一种均衡，当个体利益处于这样一种均衡状态时，得到的总体利益会是最大的。事实表明，纳什是对的。

"纳什均衡"给了我们一个启示：个体的最优决策不一定能带来最大化的社会利益，唯有找出这些决策之间的均衡才可以做到。

第5节 身边的"纳什均衡"

我们来看几个"纳什均衡"在现实中应用的实例。

商场之间的价格战近些年屡见不鲜，尤其是家电之间的价格大战，无论是冰箱、空调，还是彩电、微波炉，一波未息一波又起，这其中最高兴的就要数消费者了。我们仔细分析一下就可以发现，商场每一次价格战的模式都是一样的，其中都包含着"纳什均衡"。

我们假设某市有甲、乙两家商场，国庆假期将至，正是家电销售的旺季，甲商场决定采取降价手段促销。降价之前，两家的利益均等，假设是（10，10）。甲商场想，我若是降价，虽然单位利润会变小，但是销量肯定会增加，最终仍会增加效益，假设增加为14。而对方的一部分消费者被吸引到了我这边，利润会下降为6。若同时降价的话，两家的销量是不变的，但是单位利润的下降会导致总利润的下降，结果为（8，8）。两个商场降价与否的最终结局如图所示：

商场乙

		降价	不降价
商场甲	降价	（8，8）	（14，6）
	不降价	（6，14）	（10，10）

从图中可看出，两个商场在价格大战博弈中有两个"纳什均衡"：同时降价、同时不降价，也就是（8，8）和（10，10）。这其中，（10，10）的均衡是好均衡。按理说，其中任何一方没有理由在对方降价之前决定降价，那这里为什么会出现价格大战呢？我们来分析一下。

选择降价之后的甲商场有两种结果：（8，8）和（14，6）。后者是甲商场的优势策略，可以得到高于降价前的利润，即使得不到这种结果，最坏的结果也不过是前者，即（8，8），自己没占便宜，但是也没让对手占便宜。

而乙商场在甲商场做出降价策略之后，自己降价与否将会得到两种结果：（8，8）和（6，14），降价之后虽然利润比之前的10有所减少，但是比不降价的6要多，所以乙也只好选择降价。最终双方博弈的结果停留在（8，8）上面。

其实最终博弈的结果是双方都能提前预料到的，那他们为什么还要进行价格战呢？这是因为多年价格大战恶性竞争的原因。往年都要进行价格大战，所以到了今年，他们知道自己不降价也得被对方逼得降价，总之早晚得降，所以晚降不如早降，不至于落于人后。

降价是消费者愿意看到的，但是从商场的角度来看则是一种损失，如果是特别恶性的价格战的话，甚至相互之间会出现连续几轮的降价，那样损失就更惨了。如果理性的话，双方都不降价，得到（10，10）的结果对双方来说是最好的。如果双方不但不降价，反而同时涨价的话，将会得到更大的利润。不过这样做属于垄断行为，是不被允许的。

看完了商场价格战中的"纳什均衡"之后，再来看一下污染博弈中的"纳什均衡"。

随着经济的发展，环境污染逐渐成为了一个大问题。一些污染企业为了降低生产成本，并没有安装污水处理设备。站在污染企业的角度来看，其他企业不增加污水处理设备，自己也不会增加。这个时候他们之间是一种均衡，我们假设某市有甲、乙两家造纸厂，没有安装污水处理设备时，利润均为10，污水处理设备的成本为2，这样我们就可以看一下双方在是否安装污水处理设备上的博弈结果：

		乙	
		安装	不安装
甲	安装	（8，8）	（8，10）
	不安装	（10，8）	（10，10）

可以发现，如果站在企业的角度来看的话，最好的情况就是两方都不安装污水处理设备，但是站在保护环境的角度来看的话，这是最坏的一种情况。也就是说，（10，10）的结果对于企业利益来说是一种好的"纳什均衡"，对于环境保护来说是一种坏的"纳什均衡"；同样，双方都安装污水处理设备的结果（8，8）对于企业利益来说，是一种坏的均衡，对于环境保护来说则是一种好的均衡。

如果没有政府监督机制的话，（8，8）的结果是很难达到的，（8，10）的结果也很难达到，最有可能的便是（10，10）的结果。这是"纳什均衡"给我们的一个选择，如果选择经济发展为重的话，（10，10）是最好的；如果选择环境第一的话，（8，8）是最好的。发达国家的发展初期往往是先污染后治理，便是先选择（10，10），后选择（8，8）。现在很多发展中国家也在走这条老路，中国便是其中之一。近些年，人们切实感受到了环境污染带来的后果，对环境保护的意识大大提高，所以政府加强了污染监督管理机制，用强制手段达到一种环境与利益之间的均衡。

我们时常会发现自己的电子邮箱中收到一些垃圾邮件，大部分人的做法是看也不看直接删除。或许你不知道，这些令人厌恶的垃圾邮件中也包含着一种"纳什均衡"。

垃圾邮件的成本极低，我们假设发1万条只需要1元钱，而公司的产品最低消费额为100元。这样算的话，发100万条垃圾邮件需要的成本是100元，而这100万个收到邮件的人中只要有一个人相信了邮件中的内容，并成为其客户，公司就不亏本。如果有两个人订购了其产品，公司就会赢利。这是典型的人海战术。现实情况是，总有一小部分人会通过垃圾邮件的介绍，成为某公司的消费者。

很多人觉得垃圾邮件不会有人去看，也有商家觉得这是一种非常傻的销售手段，从几百万人中发觉几个或者十几个客户，简直不值得去做。但是，只要发掘出两个客户，公司就有赢利，再说这种销售手段非常简便，省时省力，几乎不用什么成本。所以，只要有一家企业借此赢利，其他没有发送垃圾邮件的企业便会后悔，立即加入垃圾邮件发送战中。我们来看一下其中的均衡。

乙企业

甲企业		发送	不发送
	发送	（1，1）	（1，0）
	不发送	（0，1）	（0，0）

通过这个图，我们可以看出垃圾邮件是如何发展到今天这一步的。在最开始没有这种销售手段的时候，商家之间在这一方面是均衡的，即（0，0）。后来，有的商家率先启用垃圾邮件销售方式，此时采用邮件销售与不采用邮件销售的企业之间的利益关系对比成了（1，0）。最后，没有采用的企业发现里面有利可图，于是跟进，便达成了现在的"纳什均衡"（1，1）。对于商家来说，这固然是一种好的均衡，但是，作为被动的收件人来说，这则是一种坏的均衡。因为几乎没有人会喜欢自己的电子邮箱里塞满了垃圾邮件。

第 6 节 如何面对要求加薪的员工？

"纳什均衡"适用的博弈类型和模式非常广泛，模式是生活中现象的抽象表达，因此"纳什均衡"会让我们更深刻地理解现实生活中政治、经济、社会等方面的现象。本书中将会多次提到博弈论对企业经营和管理的启示，这里就从"纳什均衡"的角度来分析一下企业员工酬薪方面的问题。

随着企业间竞争的激烈，人才成为了企业间相互争夺的重要资源。在一些劳动密集型产业聚集的地方，甚至连普通工人都是争夺的对象。其实，争取工人最重要的因素便是薪酬水平。薪酬太低，员工可能会跳槽到其他企业，薪酬太高，企业利润便会下降。我们下面就从博弈论中"纳什均衡"的角度来分析一下这个问题，找出其中的均衡。

假设，在 A 市有甲、乙两家同行业企业，两家企业的实力相当。同其他企业一样，这两家企业也是以赢利最大化为自己的目标，工人薪酬的支出都属于生产成本。近段时期内，甲企业的领导发现，自己手下的员工开始抱怨薪酬偏低，不但工作的积极性下降，甚至还有人放出话来要跳槽去乙企业，也有人说不去乙企业工作，而是离开 A 市，去其他地方工作。

这个问题的关键在于薪酬，面对这个问题，企业应该采取什么样的措施呢？这里有两种选择：一是加薪，二是维持现状不变。

如果甲企业选择加薪，提高员工待遇，这样不但可以将准备跳槽的员工留住，甚至还可以吸引乙企业和外市的更多的人才，提高企业员工的整体素质。公司员工素质高，必然使得创新能力加强，生产能力增加，这样就会创造更多效益，企业也将会有一个更美好的明天。而乙企业可能因为人才流失，从而效益下降，将市场份额拱手让给甲企业。

如果甲企业选择不加薪，而乙企业选择加薪，那么甲企业的员工势必有一部分将流入乙企业，这样的话，不但自己企业将陷入用人危机，同时还帮助了乙企业提高了员工素质，这样的话，甲、乙两家企业之间原本实力相当的局面就会被打破。

我们假设：提高薪酬之前甲、乙两家企业的利润之比为（10，10）；提高员工薪酬需要增加的成本为 2；如果一方提高薪酬，另一方不提高的话，提高一方利润将达到 15，不提高一方将下降为 5。这样，我们就得到了双方提高薪酬与否导致结果的矩阵表示：

乙企业

		提高	不提高
甲企业	提高	（8，8）	（15，5）
	不提高	（5，15）	（10，10）

从这张图中我们很容易看出，其中有两个"纳什均衡"：同时提高薪酬和维持原状，不提高薪酬。站在企业的角度上来看这个问题，（10，10）是一种优势均衡，而（8，8）是一种劣势均衡。如果站在员工角度来看的话，正好相反，（8，8）是一种优势均衡，（10，10）是一种劣势均衡。

从这张表上，我们可以看出两个企业薪酬博弈的过程，最开始提高薪酬之前是（10，10），但是一方因为员工怨声太大，扬言要跳槽，不得不决定提高薪酬。这个时候，另一家企业为了避免（5，15）局面的出现，也决定提高工资薪酬，最后双方博弈的结局定格在（8，8）这个"纳什均衡"点上。

如果从企业利润最大化的目的出发，两家企业应该协商同时维持原有薪酬水平，这样才不会增加企业在薪酬方面的成本支出，同时也会遏制员工的跳槽，因为他们得知对方企业的薪酬也不会涨的话，便不会再跳槽。这样虽然符合企业的利润最大化要求，但是是一种损人利己和目光短浅的表现。损人利己是指为了自己的利益损害员工的利益；目光短浅只会取得短期效益，而工人会因此而消极工作，或者不在两家企业之间选择，辞职去其他城市工作，导致两家企业的员工人数同时向外输出，最终将会显现出其中的弊端，长远来看不是一种优势选择。

这种企业利益和员工薪酬之间的矛盾普遍存在，单纯靠提高或者维持薪酬的手段是不能解决这个问题的，最根本的是转变观念，从根本上消除这种矛盾。下面便是三点建议：

一、转变旧观念，不再把工人当作企业的成本，而是一种投资，是企业未来发展的根本，要用长远发展的眼光来看待这个问题，做到可持续发展。

二、同行照样可以合作，可以与同一地区的同行企业合作，联合去外地招聘人才，不再相互挖墙脚。这个要求有点高，因为现在员工薪酬水平是同行企业间的商业秘密，很多员工都只知道自己的薪酬，不知道同事的薪酬，更不用说其他企业的薪酬水平了。

三、制定灵活的薪酬机制和合理的奖励机制，做到多劳多得、少劳少得，没有人搭便车，占别人便宜；也没有人被别人抢走劳动果实，调动员工的工作积极性。

企业管理者掌握博弈论和"纳什均衡"，对于制订企业发展计划，做出决策都有很大的帮助。我们说过，博弈论不能直接带给你财富，但是掌握了博弈论之后，你做出的决策会给你带来财富。

第三章
囚徒博弈

第 1 节 陷入两难的囚徒

　　"囚徒困境"模式在本书的一开始就提到过，我们再来简单复述一下。杰克和亚当被怀疑入室盗窃和谋杀，被警方拘留。两人都不承认自己杀人，只承认顺手偷了点东西。警察将两人隔离审讯，每人给出了两种选择：坦白和不坦白。这样，每人两种选择便会导致四种结果，如表所示：

亚当

		坦白	不坦白
杰克	坦白	(8, 8)	(0, 10)
	不坦白	(10, 0)	(1, 1)

　　表中的数字代表坐牢的年数，从表中可以看出同时选择不坦白对于两人来说是最优策略，同时选择坦白对两人来说是最差策略。但结果却恰恰是两人都选择了坦白。原因是每个人都不知道对方会不会供出自己，于是供出对方对自己来说便成了一种最优策略。此

时两人都选择供出对方，结果便是每人坐8年牢。

这便是著名的"囚徒博弈"模式，它是数学家图克在1950年提出的。这个模式中的故事简单而且有意思，很快便被人们研究和传播。这个简单的故事中给我们的启示也被广为发掘。杰克和亚当每个人都选择了对自己最有利的策略，为什么最后得到的却是最差的结果呢？太过聪明有时候并不是一件好事情。以己度人，"己所不欲，勿施于人"。我们要学会从对方的立场来分析问题。为什么"人多力量大"这句话常常失效？对手之间也可以合作，等等。这些都是"囚徒困境"带给我们的启示，也是我们在这一章中要讨论的问题。

其实，我们在现实生活中经常与"囚徒困境"打交道，有时候是自己陷入了这种困境，有时候是想让对方陷入这种困境。

有这样一个笑话，斯大林时期的苏联政治氛围特别紧张，有一次一位演奏家坐火车到另一个地方准备参加一场演出。在车上百无聊赖，他便拿出需要演奏的乐谱，提前预习一下。但是火车上有两个便衣警察，他们看到这个人手中拿着一本书，上面还有一些横线和看不懂的"蝌蚪文"，便以为他是一位间谍，手中的乐谱是情报密码。两位便衣上前将这位演奏家逮捕了，说他有间谍嫌疑，手中的东西就是证据。演奏家非常无奈，一个劲儿地辩解那只是柴可夫斯基乐谱而已。

在牢房里待了一夜之后，两个警察来审讯这位演奏家，他们信心满满地对这位演奏家说："你还是快点招吧，你那位老朋友柴可夫斯基我们正在审讯呢，他要是先交代了，你就惨了，可能要被枪毙；你现在要是交代了，顶多判你3年。"演奏家哭笑不得："你们抓住了柴可夫斯基？这是不可能的，因为他已经死了好多年了。"

　　这是一个讽刺当局政府昏庸无知的笑话，但是其中警察运用的不正是"囚徒困境"吗？他们想把这位演奏家陷入一种困境：若是不坦白，可能会被枪毙；若是坦白，顶多坐3年牢。他们想用这种手段逼迫演奏家选择坦白，只可惜他们太无知。这些人不懂博弈论，但是他们都会不自觉地应用。

　　我们在前面讲过"纳什均衡"曾经推翻了亚当·斯密的一个理论，那便是：每个人追求自己利益最大化的时候，同时为社会带来最大的公共利益。"囚徒困境"便是一个很好的例子，其中的杰克和亚当每个人都为自己选择了最优策略，但是就两人最后的结局来看，他们两个人的最优策略相加，得到的却是一个最差的结果。如果两人都选择不坦白，则每人各判刑1年，两人加起来共两年。但是两人都选择坦白之后，每人各判刑8年，加起来共16年。

　　集体中每个人的选择都是理性的，但是得到的却可能不是理性的结果。这种"集体悲剧"也是"囚徒困境"反映出来的一个重要问题。

　　亚当·斯密曾经认为个体利益最大化的结局是集体利益最大化，在这里，这个认识再次被推翻。每个烟草企业为了自己的利益最大化，不得不去投放大量广告，其他企业同样如此，但是导致的结局是每个企业都要承担巨额的成本开支，利润不升反降，并没有得到最大的集体化效益。

　　那么亚当·斯密的理论真的错了吗？西方经济学之父为什么会犯这种基本错误呢？人们在看待这个问题的时候往往会将当时的背景忽略。

　　在资本主义早期，主要的经济模式是手工作坊和投资者建立的私人小工场，当时的工商业主要是以这种形式存在。亚当·斯密正是在这种环境下做出了上述结论，即每个个体都追求利益最大化，便会使集体得到最大化的利益。这种单纯地将个体利益相加得到集体利益的结论有一个前提，那就是个体利益之间没有交集，互不影响。这个前提也正是资本主义在当时阶段的真实状况。但是亚当·斯密没有想到的是，后来资本日益集中，使得企业脱离了最初的原始状态，一些企业甚至脱离了生产，比如贸易公司、咨询公司之类的。这个时候，企业之间不再是单纯的独立个体，而是形成了一种既有合作又有竞争的复杂关系。这个时候，亚当·斯密的结论便不成立了，因为此时个体之间的利益是相互影响的，集体利益也不再单纯地等于个体利益相加之和。处理这种复杂的个体和集体之间的利益关系时，亚当·斯密的理论已经有些力不从心了。更强大、更合适的理论应运而生，那就是经济博弈论。博弈论在经济领域的应用主要是处理个体利益同集体利益之间的相互影响和相互作用。

由此我们可以得知，亚当·斯密关于个体利益和集体利益之间关系的结论没有错，只不过是过时了而已。因为时代在发展，资本主义的经济模式在变化。

"囚徒困境"是证明亚当·斯密的理论过时最好的证据。同时作为一种经济模型也揭示了个体利益同集体利益之间的矛盾：个体利益若是追求最大化往往不能得到最大化的集体利益，甚至有时候会得到最差的结局，比如囚徒博弈中两个罪犯的结局。

我们从中得到了这样的启示：一是，人际交往的博弈中，单纯的利己主义者并不是总会成功，有时候也会失败，并且重复博弈次数越多，失败的可能性就越大。二是，当今的社会环境下，遵循规则和合作比单纯的利己主义更能获得成功。

第2节 将对手拖入困境

"囚徒困境"是一把双刃剑，如果陷入其中可能会非常被动。同样，我们如果能将对手陷入其中，便会让对手被动，我们掌握主动。在"囚徒困境"这个博弈模式中，这一点就得到了很好的体现，其中的警察设下了一个"困境"，将两名囚犯置身于其中，完全掌握了主动，最终得到了自己想要的结果，使两名罪犯全部招供。

"囚徒困境"毕竟只是一种博弈模型，博弈模型是现实生活的抽象和简化，模型能反映出一些现实问题，但现实问题要远比模型复杂。模型中每一个人有几种选择，每一种选择会有什么后果，这些我们都可以得知。但在现实中，这几乎是不可能的，因为现实中影响最后结果的干扰因素太多了。正因为现实中干扰因素太多，为人们创造了一种条件，可以设计出困住对手的"囚徒困境"，让对手陷入被动。

这种策略运用的故事从历史中也可以找到，如《战国策》中记载了一个关于伍子胥的故事，故事中伍子胥运用的恰好就是这一策略。

年轻时的伍子胥性格刚强，文武双全，已经显露出了后来成为军事家的天赋。伍子胥的祖父、父亲和兄长都是楚国的忠臣，但是不幸遭到陷害，被卷入太子叛乱一案中。最终伍子胥的父亲伍奢和兄长伍尚被处死，伍子胥只身一人逃往吴国。

怎奈逃亡途中伍子胥被镇守边境的斥候捉住，斥候准备带他回去见楚王，邀功请赏。危急关头，伍子胥对斥候说："且慢，你可知道楚王为什么要抓我？"斥候说："因为你家辅佐太子叛乱，罪该当诛。"伍子胥哈哈大笑了几声，说道："看来你也是只知其一，不知其二，实话告诉你吧，楚王杀我全家是因为我们家有一颗祖传的宝珠，楚王要我们献给他，但是这颗宝珠早已丢失，楚王认为我们不想献上，便杀了我的父亲与兄长。他现在认为这颗宝珠在我手上，便派人捉拿我。我哪里有什么宝珠献给他？如果你把我押回去，献给楚王，我就说我的宝珠被你抢走了，你还将宝珠吞到了肚子里。这样的话，楚王为了拿到宝珠，会将你的肚子割破，然后将肠子一寸一寸地割断，即使找不到宝珠，我死之前也要拉你做垫背的。"

还没等伍子胥说完，斥候已经被吓得大汗淋漓，谁都不想被别人割破肚皮，把肠子一寸寸割断。于是，他赶紧将伍子胥放了。伍子胥趁机逃出了楚国。

在这个故事中，一开始伍子胥处于被动，但是他非常机智，编造了一个谎言，使出了一个策略将斥候置于一个困境中。这样，他化劣势为优势，化被动为主动，很快扭转了局面。我们来看一下伍子胥使出这个策略之后，双方将要面临的局面。下面是这场博弈中双方选择和结局的矩阵图：

		斥候	
		押送	释放
伍子胥	污蔑	（死，死）	（活，活）
	不污蔑	（死，活）	（活，活）

从这张图中我们可以很清楚地看出，斥候被伍子胥拖入了一个困境。这只是斥候眼中的情况分析，因为现实中根本不存在宝珠这

一说，这都是伍子胥编造出来的。伍子胥有言在先，如果他被押送回去，将会污蔑斥候抢了他的宝珠。斥候会想，到时候自己百口难辩，只有死路一条。要想活命，只有将伍子胥释放，这正中伍子胥下怀。

当人们面对危险的时候，大都抱着"宁可信其有，不可信其无"的态度。谁都不想让自己陷入麻烦，陷入困境。伍子胥正是抓住人的这一心理才敢大胆地编造谎言来骗斥候，使自己摆脱困境。

这是一个很典型的将自己的困境转化为对方的困境，将自己的劣势转化为优势，将自己的被动转化为主动的故事。这种情况类似于你陷入沼泽的时候紧紧抱住敌人的大腿，迫使他与你采取合作，帮助你成功逃脱困境。

上面这个故事中采用的策略是将别人拖下水，而下面这个故事则是单纯地设计一种困境，让对方自己犯错误，从而达到自己想要的目的。

唐朝时期，有一位官员接到报案，是当地一个庙中的和尚们控告庙中的主事僧贪污了一块金子，这块金子是一位施主赠予寺庙用于修缮庙宇用的。这些和尚们振振有词，说这块金子在历任主事僧交接的时候都记在账上，但是现在却不见了，他们怀疑是现在的主事僧占为己有，要求官府彻查。后来经过审讯，这位主事僧承认了自己将金子占为己有，但是当问道这块金子的下落时，他却支支吾吾说不出来。

这位官员在审案过程中发现这位主事僧为人和善宽厚，怎么看都不像一个作奸犯科的人。这天夜里，他到大牢中去看望这位僧人，只见他在面壁念佛。他问起这件事情的时候，这位僧人说："这块金子我从未谋面，寺里面的僧人想把我排挤走，所以编造了一本假账来冤枉我，他们串通一气，我百口莫辩，只得认罪。"听完之后，这位官员说："这件事让我来处理，如果真的如你所说，你是被冤枉的，我一定还你一个清白。"

第二天，这位官员将这个寺庙中历任主事僧都召集到衙门中，然后告诉他们："既然你们都曾经见过这块金子，那么你们肯定知道它的形状，现在我每人发给你们一块黄泥，你们将金子的形状捏出来。"说完之后，这些主事僧被分别带进了不同的房间。事情的结果可想而知，原本就凭空编造出来的一块金子，谁知道它的形状？最后，当历任主事僧们拿着不同形状的黄泥出来的时候，这件案子立刻真相大白。

这个故事中的官员采用的策略是，有意地制造信息不平等，使得原本主事僧们之间的合作关系不存在，每个人都不知道别人是怎么想的。这样的做法很常见。

第3节 反垄断的法宝

我们在分析"囚徒困境"博弈模式的时候，发现了其中的最优策略，同时为两位囚徒没有选择这个策略有些许遗憾。但是真正在现实生活中我们不会感到遗憾，只会感到庆幸，因为逃脱惩罚的罪犯将会给社会带来危害。同样的道理，前面我们分析商场之间价格大战的时候，给商家出了不少招，其实我们作为消费者来说，是欢迎他们降价的。

我们先来回顾一下商场之间的价格大战是如何打起来的，同时分析一下其中的"囚徒困境"。

我们假设某市有甲、乙两家商场，国庆假期将至，正是家电销售的旺季，甲商场决定采取降价手段促销。降价之前，两家的利益均等，假设是（10，10）。甲商场想，我若是降价，虽然单位利润会变小，但是销量肯定会增加，最终仍会增加效益，假设增加为14，而对方的一部分消费者被吸引到了我这边，利润肯定会下降，假设为6。若同时降价的话，两家的销量是不变的，但是单位利润的下降会导致总利润的下降，结果为（8，8）。两个商场降价与否的最终结局如图所示：

商场乙

		降价	不降价
商场甲	降价	（8，8）	（14，6）
	不降价	（6，14）	（10，10）

从图中可以看出，两家商家面临的处境跟"囚徒博弈"中两名罪犯的处境是一样的。虽然都不降价是最好的策略，但是每年节假日都会举行降价活动，因此谁也不能保证对方不降价，此时单方面选择降价是最好的选择，这样的话利润至少为8，运气好的话可能为14；如果选择不降价，虽然有可能保住10的利润，但是根据以往经验来看，利润最后更有可能为6。因此，双方都会选择降价，得到（8，8）的结局。就跟"囚徒博弈"模式中两名囚犯都选择坦白一样。

阻止垄断的最有效手段便是鼓励竞争，只有通过竞争，商家才能提供更优质的服务和物美价廉的商品。在鼓励竞争中，"囚徒困境"发挥了很大的作用。商场之间价格大战就是很好的体现。

　　商场之间，或者同行之间，一方选择降价的时候，对方没有选择的余地，如果不跟着降价，市场份额就会被别人抢走。在价格大战中，商场陷入了一个"囚徒困境"。跟着对方降价是最好的策略，谁降得越多，谁就掌握主动权。你降我也降，如果形成了一个恶性循环，商家便会很"惨痛"。但这都是站在商场的角度上考虑问题，如果作为消费者来讲，这样的竞争是很受欢迎的，商家的"惨痛"就是消费者的"快乐"。

　　同时，我们在前面分析商场之间价格大战的时候曾经提到过，若是商场之间不是降价大战，而是制定一个联合提价的协议，对双方将会更有益。但这几乎是不可能的，因为这样的协议就像是猫和老鼠之间制定的协议一样，没有任何效益，谁也不能保证对方会不会突然降价，抢占市场份额。这也是一个"囚徒困境"，没有人相信对方，因此共同提价的可能是不存在的，即使存在，也会很快被打破。前几年曾经有9家家电企业联合制定了价格协议，协定家电的最低价格，但是没有持续多久，便有人按捺不住，进行降价。从这一方面来说，"囚徒困境"是企业之间难以形成垄断至关重要的原因。

　　再者，任何价格协议都是违反反托拉斯法的，反托拉斯法明确规定公司联合哄抬物价属于违法，这也就使得私自制定物价协议的企业得不到权益保障。即使对方违反协议，你的权益也不会得到保障，因为你们之间的协议本身就违法，你不会因此得到任何补偿。

　　除此之外，在鼓励竞争方面，政府的干预也是很重要的一项手段。当初9家家电企业私自制定价格协议的时候，国家计委就出台文件，认定该协议属于违法协议。国家强制限制垄断方面最经典的例子，要数20世纪80年代美国政府强行将电话通讯行业的巨头公司分割成几个公司了。由于电话通讯行业被垄断，不能为公众提供更好和更廉价的服务，所以美国在经过了多年的辩论和漫长的立法过程后，最终将这一巨头切割成了几个公司。效果非常明显，被切割之后的公司为了利益不断竞争，没过多久电话费就下降了一半多。

这一点在我国也有体现，20 世纪七八十年代在我国装一部电话需要三四千块钱，而且还要排队等上很长一段时间才能轮到自己。同时期的国外电讯公司则是另外一种情形，他们一接到客户要安装电话的消息，会立刻派人前去安装，并且不收取安装费用。这便是竞争带来的实惠。之后中国的电讯行业经过发展，也消除了一家独大的局面，几家电讯公司开始互相竞争，如网通和电信、移动电话方面的移动和联通。在给人们多了一种服务选择的同时，服务质量和价格也越来越令人满意。

由此可见，"囚徒困境"的市场规律加上政府的干预是消除垄断的重要手段。对于消费者来说，垄断是被动的；但是对于企业来说，竞争是不可避免要伴随着"疼痛"的。改革初始，竞争肯定会使一些原本垄断性的企业有所不适，利润下降。但是只有鼓励竞争，才能使企业改善体制，努力研发新技术，提高竞争力。在经济全球化的今天，只有竞争力，才是生存下去的最有利的保证。

第 4 节 给领导的启示

这一节我们来谈一下"囚徒困境"对领导有什么样的启示。启示主要有两方面，一是设置一个"囚徒困境"，将员工置入其中，促进员工之间相互竞争，提高工作效率，最终为企业争取更大的效益；

二是领导在用人方面注意"用人不疑，疑人不用"，怀疑是合作最大的障碍。

首先我们谈一下如何用"囚徒困境"提高企业的效益。老板可以设置一个"囚徒困境"的局面，奖励表现好的员工，同时淘汰表现不好的员工，如果员工接受这场博弈，他们就会很自然地提高工作效率，公司效益也就随之增长。通过下面这个例子具体谈一下该如何在员工间设置"囚徒困境"。

某公司研发出了一种新产品，公司里面有 20 位推销员负责这种新产品的推销工作。现在公司领导面临着一个问题：如何考评每位推销员的业绩？由于这是一种新产品，没有以往的销售业绩做比较，推销出多少才算多呢？推销出多少才能说明这个员工非常勤奋、非常努力呢？

对于公司来说，最好的解决办法是在员工之间相互比较，相对业绩好的员工将被认为是勤奋努力的员工，对于这部分员工公司应该给予奖励；同时业绩相对不好的员工将会受到惩罚，或者淘汰。这时候，这种奖惩制度就会将员工置于一种"囚徒困境"之中。

我们假设张三和李四是公司的两名推销员，因为推销员主要在外面工作，而不是在办公室内，所以他们每周的工作时间都是由自己掌握，可以选择工作 5 天，也可以选择工作 4 天，但效果是不一样的。我们假设一周工作 5 天能推销出 10 件产品，而一周工作 4 天只能推销出 8 件商品。这样我们就能得出两人一周工作情况的矩阵图：

		李四	
		工作四天	工作五天
张三	工作四天	（8，8）	（8，10）
	工作五天	（10，8）	（10，10）

我们假设公司不是根据业绩，而是根据工作时间来进行考评，并且没有设置奖惩机制。那么张三和李四肯定会选择集体偷懒，也就是都选择工作4天，因为只要工作时间差不多就会得到相同的评价，并且评价高的员工并没有什么奖励，谁也不会去选择工作5天。

公司如果根据业绩进行考评，并且业绩高的员工将会获得奖励，这样大家都会选择工作5天，（10，10）将会成为最有可能的结局。这个时候，就体现出"囚徒困境"的作用了，选择每周工作5天。即使拿不到奖励，也不至于会受到惩罚或者被淘汰，对于所有员工来说这都是最优策略。

我们再来看这样一种情况，假设到了月底公司领导发现每个推销员的业绩都是一样的，其中有人每周工作4天，有人每周工作5天。我们前面说过，公司最后是根据每个人的业绩来进行考评，而不是根据每个人的工作时间。公司制定的考评结果分优、中、差三种，那么面对相同的工作业绩该如何评定呢？是评定为优，中，还是差？三种似乎都说得过去，但得到的结果是不同的。我们分别来看一下这三种情况：

第一种情况：评定为优，这样做的缺陷是工作时间短的人原本可以做得更好，但是他们认为自己每周只需要工作4天就能获得优的评价，因此就失去了上进心。

第二种情况：评定为差，这样做的缺陷是员工觉得每周工作5

天和 4 天没什么区别，同样得到差的评价，这样便使得员工失去了工作的积极性。

第三种情况：评定为中，这个时候，每周工作 4 天的人会想，我如果每周工作 5 天的话，肯定会得到优，这样就能得到奖励；而每周工作 5 天的人也会想到这一点，就会付出更多的时间在工作上，以免被别人超越。

综上所述，第三种方案是最优策略。总之，公司针对员工应用"囚徒困境"的核心便是使员工之间相互竞争，提高工作效率。达到了这样的效果，公司效益也就随之而增。

"囚徒困境"给领导的第二个启示是"用人不疑，疑人不用"。在"囚徒困境"模式的四种结局之中，对于两名罪犯来说最优结局便是都选择不坦白，这样只需要每人坐一年牢。但是为什么他们没有选择这种方案呢？就是因为他们不信任对方，最后导致每个人心里都想在对方出卖自己之前先将对方出卖掉。

领导与下属之间是统领关系，也是一种合作关系，而合作最大的敌人便是不信任。合作能帮助两名罪犯冲出"囚徒困境"（当然这是我们不愿意看到的），也同样能使领导和员工团结一心，走出所面临的困境。

战国时期的大将乐羊品德高尚，才华横溢。当时魏文侯派他去征伐中山国，巧的是乐羊的儿子乐舒在中山国为官。中山国为了逼迫乐羊退军，便将乐舒关押起来进行要挟。乐羊为人善良，不想看到众多百姓饱受战争之苦，于是采取了围而不攻的战术，将敌人围在城中。

双方僵持了很长时间，这时后方的一些官员便开始质疑乐羊为了自己的儿子，迟迟不攻城，损害国家利益，要求撤掉乐羊的军职。此时的魏文侯并没有听取这些人的意见，而是坚定不移地相信乐羊。他还派人给前线送去了慰问品，并且派人将乐羊家的宅院修缮一新，以表示对乐羊的信任。

没过多久，中山国便坚持不下去了，他们杀掉了乐舒，并将其熬成肉汤送给乐羊。乐羊见此，只是说："虽然他是我儿子，但是他替昏君做事，死如粪土。"这个时候，攻城的时机已到，乐羊指挥将士杀入城中，中山国君看到大势已去，便选择了自杀。中山国至此被灭。

当乐羊回到魏国以后，魏文侯命人将两个大箱子抬到乐羊面前打开，里面全是大臣们要求将他革职的奏章。这时乐羊恍然大悟，对魏文侯说："我原本以为攻下中山国是我乐羊一个人的功劳，现在才明白，要不是大王力排众议，始终不渝地相信我，我乐羊绝不会攻下中山国。"

魏文侯同乐羊之间既是君臣关系，同时也可以看作领导与员工之间的关系。要想让员工发挥自己的聪明才智，领导的信任是必不可少的。有了领导的信任做保障，员工才可以做到放手去搏。同时，员工对上级的信任也会有所感激，必将加倍努力，回报公司。

第 5 节 巴菲特的"囚徒困境"

在美国，政治选举的决定因素除了竞选人的实力以外，他所募集的竞选经费多少也是一个非常重要的因素，可以说竞选经费是竞选实力的一个重要方面。换一种说法就是，谁的钱多谁就更有可能获胜。

美国选举中的竞选经费大多来自个人和公司的募捐，其中后者所占的比例更大。这就说明选举的最终结果可能会受到一些财团的影响。为了保证选举的公正，每次大选之前都会有人提出改革竞选经费募集办法，以保证大选能够真实地体现民意。一次大选之前，著名的投资人，被称为股神的沃伦·巴菲特在一个专栏中又一次提到了竞选经费的改革。他提议消除个人募捐形式以外所有形式的募捐，公司、工会以及其他任何形式的团体募捐要被禁止。尽管每次呼吁都能得到民众和媒体的拥护，但是结果却总是一次次的失败，这一次巴菲特的呼吁也不例外。

为什么会出现这种情况呢？接下来我们将用博弈论和"囚徒困境"来分析一下其中的原因。

募集竞选经费的改革难以通过实属正常，为什么这样说呢？因为改革经费募集办法需要立法，而立法者正是现有募集办法的受益者。因此，就像是与老虎商量从它嘴里分点肉吃一样，这几乎是不可能的。因为你动摇了对方的既得利益，没有人会通过一个会伤害到自己的议案。在专栏中，巴菲特还举了一个很有趣的例子，来说明金钱是如何影响到国会做出决定的。

假设有这样一个亿万富翁，他公开宣布：若是巴菲特提出的竞选经费募集办法改革方案得到了国会通过，那么他将捐出10亿美元给投赞成票的一个政党。这是非常高明的一招，足以保证这个改革方案能够通过，并且不需要花费一分钱。这其中并没有什么奥妙，亿万富翁的口头承诺是一个诱饵，是为国会中的民主党和共和党设下了一个"囚徒困境"。假设你是民主党的代表，你会做出何种决策？

是赞成还是反对？如果你投反对票，而共和党投赞成票的话，对方将有可能得到10亿美元的捐款。10亿美元可不是一个小数目，对方有了这10亿美元就会说话更有分量，在无时不在的两党争斗中占得先机。因此，没有人会让对手白白取得这10亿美元。如果共和党投反对票的话，你作为民主党的代表该如何表态呢？按照上面的分析，应该投赞成票去争取10亿美元的赞助。由此来看，无论共和党采取什么立场，民主党最好的策略便是投赞成票。不过，共和党肯定也是这样想的。这样，两党会非常踊跃地为这个提案投赞成票。而当初富翁的承诺是捐款给投赞成票的一个政党，但是现在两个政党都投赞成票，他便不用付出了。

我们可以用一个矩阵图来表示这个问题：

我们知道投反对票的话，将一无所获，量化为0；若是一方投赞成票，另一方投反对票的话，赞成者将有可能得到10亿美元捐助，在这个模型中量化为10；假设双方都投赞成票的话，富翁将不必付出，双方什么也得不到，量化为0。这个博弈模型的矩阵图表示如下：

共和党

		赞成	反对
民主党	赞成	（0，0）	（10，0）
	反对	（0，10）	（0，0）

由图中可以很清楚地看出，如果选择反对，无论对手如何选择自己将一无所获，还有可能白白让对方占便宜；但是如果选择赞成，还有可能得到10的结果。由此来看，赞成是这场博弈中的最优策略。

如果选择赞成的话，即使得不到 10 亿美元赞助，也不会让对方得到。这场博弈的结局是双方都投赞成票，最终国会通过了竞选经费募集办法的改革方案。

当然，上面这不过是巴菲特在专栏中杜撰的一个故事，不过他还是很好地说明了金钱对两党以及国会的影响，从而有力地证明了金钱对选举的影响。通过上面的分析我们会发现，博弈论在政治中的运用非常广泛。

当年美国同苏联在"冷战"时期的核竞争也符合"囚徒困境"的模式。当年的局势非常紧张，双方都拥有核武器，如果一方出手，相信另一方会立刻反击。然后，导弹和核武器就会被相继投放到对方的领地，后果不堪设想。

在当时，让人感到最坏的一种情况并不是在遭遇袭击后进行反抗，然后两个国家都变得支离破碎。如果两个国家都抱有"人不犯我，我不犯人"的想法，没有人率先出击，那么稳定便会一直持续下去。最让人担心的情况是其中某个国家采取先发制人的策略，因为在这场博弈中先发制人是一种优势策略。与其等着对方来袭击自己，自己被动还击，不如自己主动出击，掌握优势。

我们将这种情形制作成一个博弈模型，假设双方都采取"人不犯我，我不犯人"的后发制人策略，双方之间将保持和平状态；如果一方采取先发制人策略，那么这一方将掌握主动权，获胜的几率比较大；如果双方都采取先发制人策略，胜负不好判断，但是和平的局面将被打破是必然的。由此，我们得出下面的矩阵图：

	美国	
	先发制人	后发制人
苏联 先发制人	（战争，战争）	（胜利，失败）
后发制人	（失败，胜利）	（和平，和平）

从图中很明显可以看出，唯一有把握取得胜利的策略便是选择先发制人。在这个博弈模型中，先发制人是一种优势策略，但是现实中这个策略则会带来灾难性的后果。因此，"冷战"时期美国和苏联都在谨防对方先发制人。双方都将导弹和核武器分散布置，甚至藏在深海海底，这样做都是为了让对方明白，采取先发制人并不一定就会取得胜利。

庆幸的是，两国并没有失去理智而发动核战争，人们才得以享受和平的生存环境。

第四章

走出"囚徒困境"

第 1 节 最有效的手段是合作

在"囚徒困境"模式中有一个比较重要的前提，那便是双方要被隔离审讯。这样做是为了防止他们达成协议，也就是防止他们进行合作。如果没有这个前提，"囚徒困境"也就不复存在了。由此可见，合作是走出"囚徒困境"最有效的手段。

常春藤盟校中的每一所学校几乎在全美国，甚至全世界都有名，他们培养出的知名人士和美国总统更是令其他学校望尘莫及。就是这样积聚着人类智慧的地方，曾经却为了他们之间的橄榄球联赛而颇感苦恼。20 世纪 50 年代，常春藤盟校之间每年都会有橄榄球联赛。在美国，一所大学的体育代表队非常重要，不仅代表了学校的传统和精神，更是学校的一张名片。因此，每所大学都拿出相当长的时间和足够的精力来进行训练。这样付出的代价便是因为过于重视体育训练而学术水准下降，仿佛有点本末倒置。每个学校都认识到了这个问题，但是他们又不能减少训练时间，因为那样做，体育成绩就会被其他几个盟校甩下。因此，这些学校陷入了"囚徒困境"之中。

为了更形象地看这个问题，我们来建立一个简单的博弈模型。

假设橄榄球联赛中的参赛队只有哈佛大学和耶鲁大学，原先训练时间所得利益为 10，若是其中一个学校减少训练时间，则所得利益为 5。这样我们就能得到一个矩阵图：

耶鲁大学

		减少时间	不减少时间
哈佛大学	减少时间	（10，10）	（5，10）
	不减少时间	（10，5）	（10，10）

　　首先解释一下，为什么两个学校同时减少训练时间得到的结果跟同时不减少时间时一样，都为（10，10）。因为大学生联赛虽然是联赛，但是无论如何训练，水准毕竟不如正式联赛。人们关注大学生联赛：一是为了关注各学校之间的名誉之争，二是大学生联赛更有激情。因为运动员都是血气方刚的大学生。因此，如果两所大学同时减少训练时间，只会令两支球队的技术水平有所降低，但是这并不会影响到比赛的激烈程度和受关注程度。所以，同时减少训练时间，对两个学校几乎没有什么影响。

　　最后，各大学都认识到了这个问题。也就是说各大学付出大量的训练时间，接受巨额的赞助得到的结果，与只付出少量训练时间得到的结果是一样的。于是他们便联合起来，制定了一个协议。协议规定了各大学橄榄球队训练时间的上限，每所大学都不准违规。尽管以后的联赛技术水平不如以前，但是依旧激烈，观众人数和媒体关注度也没有下降。同时，各大学能拿出更多的时间来做学术研究，做到了两者兼顾。

　　上面例子中，大学走出"囚徒困境"依靠的是合作，同时合作是人类文明的基础。人是具有社会属性的群居动物，这就意味着人与人之间要进行合作。从伟大的人类登月，到我们身边的衣食住行，其中都包含着合作关系。"囚徒困境"也是如此，若是给两位囚徒一次合作的机会，两人肯定会做出令双方满意的决策。

说到博弈中各方参与者之间的合作，就不能不提到欧佩克（OPEC），这是博弈中用合作的方式走出困境的一个典范。欧佩克是石油输出国组织的简称。1960年9月，伊朗、沙特阿拉伯、科威特、伊拉克、委内瑞拉等主要产油国在巴格达开会，共同商讨如何应对西方的石油公司，如何为自己带来更多的石油收入，欧佩克就是在这样的背景下诞生的。后来亚洲、拉丁美洲、非洲的一些产油国也纷纷加入进来，他们都想通过这一世界上最大的国际性石油组织为自己争取最大的利益。欧佩克成员国遵循统一的石油政策，产油数量和石油价格都由欧佩克调度。当国际油价大幅增长的时候，为保持出口量的稳定，欧佩克会调度成员国增加产量，将石油价格保持在一个合理的水平上；同样，当国际油价大幅下跌的时候，欧佩克会组织成员国减少石油产量，以阻止石油价格继续下跌。

我们假设没有欧佩克这样的石油组织将会出现什么样的情况。那样的话，产油国家将陷入"囚徒困境"，世界石油市场将陷入一种集体混乱状态。

首先，是价格上的"囚徒困境"。如果没有统一的组织来决定油价，而是由各产油国自己决定油价，那各国之间势必会掀起一场价格战，这一点类似于商场之间的价格战博弈。一方为了增加收入，选择降低石油价格；其余各方为了防止自己的市场不被侵占，选择跟着降价，最终的结果是两败俱伤。即便如此，也不能退出，不然的话，一点儿利益也得不到。"囚徒困境"将各方困入其中，动弹不得。

其次，产油量也会陷入"囚徒困境"。若是价格下降了，还想保持收益甚至增加收益的话，就势必要选择增加产量。无论其他国家如何选择，增加产量都是你的最优策略。如果对方不增加产量，你增加产量，你将占有价格升降的主动权；若是对方增加产量，你就更应该增加产量，不然你将处于被动的地位。

说到这里，我们就应该明白欧佩克的重要性了，欧佩克解决了各石油输出国之间的恶性降价竞争和恶性增加产油量的问题，带领各成员国走出了"囚徒困境"。欧佩克为什么能做到这一点？关键就在于合作。

合作将非合作性博弈转化为合作性博弈，这是博弈按照参与方之间是否存在一个对各方都有效的协议所进行的分类。非合作性博弈的性质是帮助你如何在博弈中争取更大的利益，而合作性博弈解决的主要是如何分配利益的问题。在"囚徒困境"模式中，两名罪犯被隔离审讯，他们每个人都在努力做出对自己最有利的策略，这种博弈是非合作性博弈；若是允许两人合作，两人便会商量如何分配利益，怎样选择会给双方带来最大的利益，这时的博弈便转化为合作性博弈。将非合作性博弈转化为合作性博弈，便消除了"囚徒困境"，这个过程中发挥重要作用的便是合作。

第2节 组织者很关键

我们前面讲过石油输出国组织欧佩克（OPEC）和世界贸易组织（WTO），讲了它们是如何将博弈参与者组织到一起，促使双方或多方达成合作。由此我们可以看出，在合作中往往需要一个领导者或者组织者。

伊克人原本是生活在非洲乌干达北方山谷里的一个民族，不过现在"伊克人"已经成为了西方的一个专用词汇，用来形容绝望和失去信心。伊克人是如何背上这个恶名的呢？这还要从这个民族的发展说起。

伊克人最早的时候是游牧民族，男人勤劳能干，女人善良贤惠，以狩猎和采摘野果为生。后来，乌干达决定在伊克人生活的土地上修建一处国家公园，因此这块土地上将不再允许狩猎。迫于无奈，伊克人从世代居住的地方搬迁到了一处丘陵地带。他们已经没有地方可以打猎和采摘野果，被迫选择耕种山上的那片贫瘠的土地，他们的身份也由猎人转化为农民。

从广袤的草原住进狭小的村庄，生活环境的转变让伊克人不能适应。他们几千年来的生活方式、道德规范都被打乱，他们也由一个勤劳善良的民族变为一个自私自利的民族。

伊克人变得非常自私，并且互不联系，偶尔说话的时候也是冷冰冰的语言或者大声呵斥，总之没有一点礼貌和温情。他们不再共享食物，即使亲戚也不行。他们将刚刚生下来的孩子扔到一边，像猪狗一样养着，孩子只要会自己行动了，父母便训练着让他们去偷去抢，甚至连老年人和残疾人他们也抢；老年人没有劳动力了便被子女扔出家门，任其饿死。

所有你能想象到的人类的恶行，都能体现在此时的伊克人身上。于是，伊克人成了一个代名词，指代绝望、冷漠和失去信心。

人类最初的时候不正是如此吗？野蛮、自私，那是什么将人类驯服得如此文明？是合作。著名的哲学家托马斯？霍布斯给出的答案是：集权是合作必不可少的条件。集权便是组织、政府，就像是没有石油输出国组织（OPEC）之前，产油国之间的关系便像伊克人一样混乱；没有世界贸易组织（WTO）之前，国家之间相互设置贸易壁垒，征收高额关税，谁也不想让对方占自己便宜，谁也占不到对方的便宜，结果两败俱伤。这些都同人类当年的境遇以及伊克人的境遇是一样的。最终这种困境得以破除，依靠的便是 OPEC 和 WTO 这样的组织。

国家与国家之间同人与人之间一样，现今世界上国家之间没有一个统一的领导组织。联合国不过是一个协调性机构，关键时候不能发挥效力，例如，美国便多次绕开联合国展开军事行动。因此国家与国家之间想要在某一领域进行合作的时候，便会形成一些组织。我们熟知的组织有欧盟、北约、东盟等等。

需要领导者或组织者的合作往往体现在公共品的"囚徒困境"之中。

公共物品和私人物品的性质不同，公共物品谁都有权利享用，比如公园的椅子、路边的路灯，无论是谁出资建的，你都有权利享用；私人物品则不同，私人物品属于私人所有，别人没有权利要求共享。由此可见，设置公共物品是"亏本"的，因为公共物品的特性决定了即使是你设置的，你也不能阻止别人去享用。这样说的话，路边的路灯该由谁来管呢？公园的长椅该又谁来修建呢？

某地区地处偏僻，只住了张三、李四两户人家。由于道路状况不好，交通不方便，所以他们都想修一条路，通向外面。我们假设修一条路需要的成本为 4，这条路能给每一家带来的收益为 3。如果没有外力的介入，这两家会选择怎样的策略呢？

如果两家合作修路，每一家承担的成本为2，收益为3，净利为1；如果两家选择不合作，只有一家修路，但是修好的路又不能不让另一家人走。这样的话，选择修路的人家付出的成本为4，获得的收益为3，净利为-1；另外一家人这个时候可以搭便车，分享收获，他付出的成本为0，收益为3，净利为3。我们将这场博弈的几种可能结果列入矩阵图中：

李四

		修路	不修路
张三	修路	（1，1）	（-1，3）
	不修路	（3，-1）	（0，0）

我们来分析一下这场博弈中两人的策略，张三会想：若是李四选择修路，我也选择修路则得到的净利为1，若是我选择不修路则得到的净利为3，因此选择不修路是最优策略；若是李四选择不修路，我选择修路则得到的净利为-1，我也选择不修路得到的净利为0。因此，无论李四选择修路还是不修路，张三的最优策略都是选择不修路。

同样，李四会同张三做同样的思考。这样，两个人都选择不修路，最终的结果便是（0，0），两家的生活不会发生任何改变。

上面说的只是按照人性的自私和博弈论的知识所做的理性分析，现实中的情况则复杂多变。按照常理来说，若是非常荒凉的地方只住了两户人家，他们的关系应该会非常和睦才对。因为对方是自己遇到困难时候唯一的依靠。如果这两家关系比较好，则自然会选择共同修路，大家都得到好处。

但是在上面我们把它当作一个博弈模型来分析，我们假设其中的参与者都是理性人，也就是说，各方做出决策的出发点都是为自己争取最大的利益。上面所说的无论是和睦友好，还是仇恨不和，都属于特殊情况，不在博弈论的讨论范围。其实现在城市中的邻里关系便是如此，楼上楼下很多都不认识，没有利益也没有仇恨，见面也是形同陌路。

那么在上面两家修路的问题里，如果两家陷入"囚徒困境"，那该由谁来修路呢？如果将两户换成是20户，200户呢？这时问题就由两人"囚徒困境"转化为多人的"囚徒困境"。大家走的路属于公共品，公共品的"囚徒困境"一定要有人出面协调和处理，这是政府的职能之一。在基础设施、文化、教育、医疗、卫生事业中，政府都将扮演着主导者的角色，责无旁贷。不过政府付出的钱主要来自纳税者，归根结底，政府不过是其中的一个策划者、组织者和实施者。

再回到这个具体例子中，政府应该出头组织村民修路。政府带头，组织张三和李四两家或者出钱，或者出力，修好这条路。"囚徒困境"还有一个缺陷就是只看到眼前利益，看不到长远利益。这个时候，就需要有一个高瞻远瞩、有长远眼光的组织者。

第 3 节 重复性博弈

有这样一种现象我们经常可以见到，那就是出去旅游的时候，旅游景点附近的餐馆做的菜都不怎么样。这样的餐馆大都有一些共性，菜难吃，而且要价高。这样的地方去吃一次，就绝不会有第二次了。既然这样，这些餐馆为何不想办法改善一下呢？仔细一想你就会明白，他们做的都是一次性买卖，不靠"回头客"来赢利，靠的是源源不断来旅游的人。

类似上面这样的事情我们身边还有很多，这些事情向我们说明了一个道理：一次性博弈中不可能产生合作，合作的前提是重复性博弈。一次性博弈对参与者来说只有眼前利益，背叛对方对自己来说是最优策略；而重复性博弈中，参与者会考虑到长远利益，合作便变得可能。

你只想和你的商业伙伴做一次生意吗？那样的话你就选择去背叛他好了。但现实情况往往不会是这样，我们都会培养自己的固定客户，因为老客户会和我们进行长久的合作，使我们持续获利。再如，你开了一家餐馆，不是在旅游景点附近，也不在车站附近，而是在一家小区门口，来这吃饭的人大多是附近小区的住户。这个时候，你会选择像前面说的那样把菜做得又难吃而且要价又贵吗？应该不会，如果是那样的话，你的客户将越来越少，关门是早晚的事。很多历史悠久的品牌，比如"全聚德""同仁堂"等等，正是靠着优质的产品和周到的服务为自己争取了无数的"回头客"，这些品牌也已经成了产品质量的保证。

关于重复性博弈与合作的关系我们总结两点：

一、理性人不会选择只与别人做一次生意，"一锤子买卖"。因为这样做的结果只能是短期获利，从长远来看会吃亏。考虑到长远利益，理性人会选择与对方合作，进行重复性博弈。

二、合作的基础是长远性的交往，有共同的未来利益才会选择持续合作。没有未来利益就没有合作。

一般将一次性博弈转化为重复性博弈，结局便会完全不同。因为你若是在前一轮博弈中贪图便宜，损害对方利益，对方则会在下一轮博弈中向你进行报复。我们都知道黑手党是国外的一个黑社会团体，虽然从事的是肮脏的地下交易，但是他们内部组织严密。黑手党中有许多规矩，其中一条便是：若被警察抓住，不得供出其他成员，否则将受到严惩。这里的严惩多半是被处死。在这里我们套用一下"囚徒困境"的模式，假设被抓进去的两个罪犯都是黑手党成员，他们还会选择出卖对方吗？

结果应该是不会，我们假设这两个罪犯的名字依然为亚当和杰克。亚当会想，虽然供出对方对我来说是最优策略，但是这样出狱以后就会被处死。不要心存侥幸，觉得跑到天涯海角就能躲过一劫，黑手党是无处不在的；与其出去被打死，还不如坚持不坦白，在牢里安心待着。同样，杰克也会这样想，最终结局便是两人都选择不招供。为什么在前面几乎是不可能的合作，到了这里变得如此简单？因为前面的"囚徒困境"是一次性博弈，两人不需要考虑出狱以后的事情；但是在这里不同，出狱以后两人还会进行一次博弈，并且根据当初在狱中是否出卖了对方，而得到相应的结局。这样，一次性博弈变为了重复性博弈，两人也由出卖对方转化为了合作。

我们建立一个简单的博弈模型，若是亚当出卖了杰克，出狱后会被黑手党组织打死，所得利益为 0；若是没有出卖杰克，出狱后平安无事，所得利益为 10。杰克同样如此。我们将这几种可能表现在一张矩阵图中：

亚当

		坦白	不坦白
杰克	坦白	（0，0）	（0，10）
	不坦白	（10，0）	（10，10）

　　图中很明显地显示出，选择向警方坦白，出狱后死路一条；选择不坦白，虽然会多坐几年牢，甚至终生监禁，但是没有生命危险。很明显，两名罪犯都考虑到这一点肯定会选择不坦白。正是第二场博弈的结果影响到了第一次博弈的选择，体现了我们所讲的重复性博弈促成合作。

　　并不是只要博弈次数多于1，就会产生合作，博弈论专家已经用数学方式证明，在无限次的重复博弈情况下，合作才是稳定的。也就是说，要想双方合作稳定，博弈必须永远进行下去，不能停止。我们来看一下其中的原因。原因有两点：

　　一是能带来长久利益，比如开餐馆时的回头客。二是能避免受到报复，你若是背叛对方，定会招致对方在下一次博弈中报复，比如黑手党囚犯宁愿选择坐牢也不供出同伙，就是怕出狱后被报复。其实这两个原因可以看作一个原因，怕对手报复也属于考虑长久利益。

　　当我们知道某一次博弈是最后一次的时候，我们就不会再考虑长久利益，也不会有下一次博弈中对对手报复的担忧，这时背叛对方又成了博弈各方的最优策略。我们假设，你决定明天就将餐馆关闭，或者转让给他人，那么今天晚上你与顾客之间便是最后一次博弈。这个时候虽然餐馆老板基本上不会这样做，但是从博弈论的角度来说，做菜的时候偷工减料、提高菜价，对你来说是最好的一种策略；正如两名罪犯虽然是黑手党成员，但是如果他们知道自己的组织被一锅端了，出去之后没有人会威胁自己，这时候他们便会选择背叛对方。

美国著名博弈论教授罗伯特·埃克斯罗德曾经做过这样一个有名的试验：这个实验非常简单，选择一群人，让他们扮演"囚徒困境"中的其中一位囚犯的角色，将他们每一次的选择统计好之后再输入电脑里。

最开始是一次性博弈，只有一次选择机会，不出意料，参与者都选择背叛对方；后来博弈次数不断增多，直至双方的博弈次数增加到了200次。最后的统计结果告诉我们，无论是2次还是200次，只要是有限重复博弈而不是无限重复博弈，博弈参与者都会选择背叛对方。

我们先来分析一下二次重复博弈中的情况，第二次博弈同时是最后一次博弈，这时双方没有后顾之忧，不必为将来的利益或者报复操心，所以肯定会选择背叛对方。由此往上推，第一次博弈中，甲会想，无论我选择背叛对方还是与对方合作，他都会在第二次博弈中背叛我，与其那样，还不如在第一次博弈中我就背叛对方。同时，另一位参与者也是这样想的。所以尽管是二次重复博弈，但是两人会在第一次博弈中就选择互相背叛。

3 次重复博弈、4 次重复博弈，直至 200 次重复博弈都是这个道理。只要重复博弈有次数限制，不是无限重复博弈，人们的选择都是相同的，都会选择背叛对方。这种结果是让人绝望的，人的寿命是有限的，博弈总有结束的那一天，也就是说世界上没有什么博弈是无限重复的。按照上面的说法，合作就变得永远不可能。

我们知道现实中的情况并非如此，如前面举的例子中，餐馆的"回头客"同餐馆之间的关系便是合作；黑手党成员在监狱中共同不招供出对方也是合作。没有人会在一个餐馆吃一辈子饭，黑手党组织也早晚有解散的那一天，如此说来，他们之间的博弈也应该属于有限重复博弈，那他们之间为什么会出现合作呢？这是因为没有人知道这些博弈会在哪一天结束，不知道何时结束的博弈，就相当于无限重复博弈，便会催生出合作。

第 4 节 未来决定现在

未来的预期收益和预期风险是影响我们现在决策的重要因素。预期收益是指现在做出的决策在将来能给我们带来什么收益；预期风险则是指现在的决策在将来会带来什么样的问题，或者麻烦。这些未来的收益和风险，将影响着我们现在制定的策略。选择读书是为了增长知识，上一个好大学，将来有一份好工作，对社会和家人承担起一个公民应尽的责任，这便是预期收益；公司采取保守的发展战略，不急于扩大规模，考虑的可能是急功近利会影响产品和服务质量，这便是一种预期风险。

在人口流动性比较大的车站、旅游景点，提供的商品服务不但质量差，而且价格高，并且充斥着假冒伪劣产品。原因很明显，这里的顾客都是天南海北的人，来去匆匆，做的都是"一锤子"买卖，基本上不会有第二次合作。既没有预期收益，也没有预期风险，这就是服务质量差、商品价格高的根本原因。

有人认为，对未来收益和风险的考虑促成了人类之间最原始的交易。有人假设，原始社会时期，人们手中可能会有剩余物资，你可能是有多余的兽皮做衣服避寒，我有多余的食物填饱肚子。如果有兽皮的人正好饿了，而有食物的人没有衣服避寒，那两人便都会想将对方的东西占为己有。这个时候，如果对方是陌生人，他们便会想着将东西抢过来；如果对方不是陌生人，而是熟人，他们便会进行交换。也就是说，最初的商业交易是发生在熟人之间的。如果双方并不认识，那抢劫之后便不会担心被报复，没有预期风险；如果是熟人，首先是考虑到预期收益，和他处理好关系对将来会有什么收益，其次是要考虑到预期风险，对方知道自己是谁，若是抢劫他定会遭到报复。于是，交易就这样产生了。

预期收益和预期风险对现在行为的影响不仅体现在人与人之间，国家之间也是如此。世界上有许多相邻国家之间的关系非常差，甚至相互视为仇敌。造成这些仇恨的原因大都是历史争端问题，现在虽然局势已经相对稳定，最乱的时候看似已经过去，但是这些国家之间并没有建立起一种信任。举一个简单的例子，关系不稳定的国家在边境地区一般不会建立大型的项目。这是出于一种预期风险的考虑，一旦两国局势重新开始紧张，这些项目便会成为对方的打击目标，或者成为对方要挟自己的把柄。

改善国家之间的关系是一个漫长的过程，相互增强信任，增加合作对双方都有利。若能将预期风险转化为预期利益，则相互之间的敌对行动就能转化为合作行为。

现实中，人们对于那些眼光更长远、看问题更敏锐的人往往会更加佩服；而对那些急功近利、鼠目寸光的人则多鄙视。就像很多人抽烟只是为了图一时之快，根本不在乎长久下去对自己身体的影响，更不用说自己抽烟对别人的影响。我们知道，重视眼前利益不重视长久利益正是"囚徒困境"的问题所在。在"囚徒困境"中，重视眼前利益的人是最容易背叛对方的人；而重视未来发展的人，才是值得信任的人。

那么，急功近利的人和眼光长远的人如何区别，并没有一个固定的标准，但是可以从他们的日常行为中推测一下。比如，抽烟特别多的人可能会目光短浅，而每天坚持锻炼身体的人则更值得信任。对待那些目光短浅的人，我们要与他们保持距离；而对于那些做事周到、目光长远的人，我们则应该多去接触。至于那种已经很明确会背叛自己的人，则要在他背叛自己之前去背叛他。

人们相信合作能带来更好的未来，但是为私利却都去选择背叛，导致合作难以产生。这便是"囚徒困境"反映出的问题。合作还是背叛的问题，也可以表述为在未来利益和眼前利益之间选择的问题。人们明明知道背叛别人和急功近利是不好的，合作和长远考虑对自己、对集体才更有利，但却总是陷入这种困境之中。难道这是上天为人类设置的一个魔咒？人类注定无法摆脱吗？

答案当然不是。2005年因研究博弈论获得诺贝尔经济学奖的罗伯特·奥曼曾经说过，人与人之间若是能够长期交往，那么他们之间的交往过程便是减少冲突、走向合作的过程。这个过程的前提是人与人之间长期交往，而不是擦身而过。

奥曼教授一直在寻找一条解决"囚徒困境"的途径，前后长达几十年。他想在理论上探索出一条道路，解决"囚徒困境"，这样便能增加人们的利益，减少冲突。取得最大利益的关键在于制定一个好的策略，而好的策略的标准是为双方的合作留出最大的空间。在制定这样策略的时候，很重要的一点便是考虑这个策略将会带来的未来收益和未来风险。也就是说，未来非常重要。奥曼研究的结果证实了我们上面所说的，人与人之间的长期交往是一种重复合作，重复合作即意味着"抬头不见低头见"，就是这种未来结果促成了人们之间走向合作。

第5节 不要让对手看到尽头

有这样一个笑话，一个年轻人去外地出差，这期间他觉得自己的头发有点长，便准备去理发。旅店老板告诉他，这附近只有一家理发店，刚开始理得还不错，但是因为只有他一家店，没有竞争，所以理发师理发越来越草率。人们也没办法选择，只得去他那里理发。年轻人想了想，笑道："没事，我有办法。"

年轻人来到这家理发店，果然同旅店老板说的一样，店里面到处是头发，洗头的池子上到处是水锈，镜子也不知道有几年没擦了，脏乎乎的照不出人影。理发师在一旁的沙发上翘着二郎腿，叼着一支烟，正在看报纸。等了足足有3分钟，他才慢悠悠地放下报纸，喝了一口茶，然后问道："理发呀？坐那儿吧。"

年轻人笑着说，我今天只刮胡子，过两天再来理发。理发师胡乱地在年轻人脸上抹了两下肥皂沫，三下五除二就刮好了。年轻人一看，旅店老板说得一点儿都没错，理发师技术娴熟，但是非常草率，甚至连下巴底下的胡子都没刮到。不过他也没说什么，笑着问道："师傅，多少钱？"

"2元。"理发师没好气地回答说。

"那理发呢？"年轻人又问道。

"8元。"

年轻人从钱包里拿出10元钱递给理发师，说："不用找钱了。"

理发师没见过这样大方的客户，于是态度立刻来了一个一百八十度大转弯，笑盈盈地把他送到门外。临走时，年轻人说两天之后来理发。

两天过去了，等年轻人再来理发的时候，发现理发店里面被打扫得干干静静，水池中的水锈也不见了，镜子也被擦得一尘不染。理发师笑呵呵地把年轻人迎进了店内，并按照年轻人的要求给他理发，理得非常仔细、认真。

理完之后，理发师恭敬地站在一边。年轻人站在镜子面前前后左右地看了看，对理发师的水平非常满意，然后拂了拂袖子就要出门。理发师赶忙凑上前来说还没给钱呢，年轻人装出一脸不解地说："钱不是前两天一起给你了吗？刮脸2元，理发8元，正好10元。"

理发师自知理亏，哑口无言，年轻人笑着推门而去。回到旅馆后，旅店老板和住宿的客人都夸年轻人聪明。

这个故事中聪明的年轻人知道，自己是外地人，与当地的理发馆之间做的是"一锤子"买卖，也就是一次性博弈，理发师八成会非常草率。于是，他便聪明地将一次性博弈转化为重复性博弈。也就是原本一次性就可以完成的理发加刮脸，分成了两次。并且先刮脸，后理发，先小后大，先轻后重。

重复性博弈的特点就在于第一次制定策略时要考虑到预期收益或者预期风险。这个故事中理发师按理说不会考虑预期收益，因为这里只有他一家理发店，人们别无选择。但是年轻人考虑到了这一点，在第一次博弈，也就是刮脸的时候多给了不少钱，让对方感受到了预期收益。理发师会想，我给他刮脸刮得这样草率他居然给了我那么多钱，下次给他理发理得好一点，他肯定会给更多钱。这样想便中了年轻人的招，结果就是上面我们所说的。

我们总结一下年轻人成功的关键，首先是将一次性博弈转化为重复性博弈，因为重复性博弈是合作产生的保障；其次是让对方看到未来收益。这两点我们在买东西讨价还价的时候经常用到，讨价还价的时候我们经常会说"下次我们还来买你的东西"，或者"我们回去用得好的话，会让同学朋友都来买你的"。虽然这种话大都是随口说出来的，但是其中包含的道理是博弈论中重复性博弈和预期收益。

那年轻人赚了一次便宜之后还会不会继续去这家理发店理发呢？如果是一个理性人的话，他是不会这样做的。因为理发师在被戏弄之后，知道自己同年轻人打交道并没有预期收益，便会放弃提供更好的服务。我们假设这位年轻人是一个黑帮成员，身体强壮，扎着马尾辫，露出的胳膊上有五颜六色的文身。这个时候，理发师同样会提供良好的服务，因为这样做虽然没有预期收益（甚至连钱都不给），但是可以避免预期风险。

在有限重复博弈中，最后一次往往会产生不合作，这也是年轻人将一次性博弈转化为重复性博弈的原因。同样，我们在上一章中提到的一个关于利用"囚徒困境"争取低进价的例子中也涉及了这一点。

我们来简单复述一下这个例子，假设你是一家手机生产企业负责人，某一种零部件主要由甲乙两家供货商提供，并且这种零部件是甲乙两家企业的主要产品。如果你想降低从两家企业进货的价格，其中一种做法便是将两家企业导入"囚徒困境"之中，让他们进行价格战，然后你坐收渔翁之利。具体是这样的：

你宣布哪家企业将这种零件的零售价从 10 元降到 7 元，便将订单全部交给这家企业去做。这样的话，虽然降价会导致单位利润减少，但是订单数量的增加会让总的利润比以前有所增加。这个时候，如果甲企业选择不降价，乙企业便会选择降价，对于乙企业来说这是最优策略；如果甲企业选择降价，乙企业的最优策略依然是降价，如果不降价将什么也得不到。同样，甲企业也是这样想的。于是两家企业都选择降价，便陷入两人"囚徒困境"，结果正好是你想要的。

前面分析的时候我们也说过，模型是现实的抽象，现实情况远比模型要复杂。"囚徒困境"中每一位罪犯只有一次博弈机会，所以他们会选择背叛；但是两家供货商之间的博弈并非一次性博弈。可能在博弈最开始的时候，两家企业面对你的出招有点不适应，看着对方降价便跟着降价。但是，这样一段时间之后，他们作为重复性博弈的参与者，就会从背叛慢慢走向合作。因为他们会发现，自己这样做的结果是两败俱伤，没有人占到便宜。等到他们意识到问题，从背叛走向合作的时候，你的策略便失败了。若是双方达成了价格同盟，局势将对你不利。

在上面分析之后我们给出了两个建议，一是定下最后的期限，二是签订长期供货协议。定下最后期限，比如：月底之前必须做出降价与否的决定。这样就能把重复性博弈定性为有限重复博弈。因为我们已经知道，有限重复博弈中双方还是会选择互相背叛。然后趁双方背叛之际实施第二个策略，立刻签订长期供货协议，将"囚徒困境"得到的这个结果用合同形式固定下来。

上面的两个例子中，第一个是年轻人巧施妙计，将一次性博弈转化为重复性博弈，从而有了后面的合作；而第二个例子中，企业将重复性博弈明确定为有限重复博弈，将对方置于相互背叛的境地，以破坏对方的合作。由此可见博弈论的魅力所在，无论你是什么身份，总能帮自己找到破解对方的策略。

讲了这么多的重复性博弈，最后要补充一点。生活中两人"囚徒困境"毕竟是少数，多数是多人"囚徒困境"。多人"囚徒困境"因为参与者太多，情况更为复杂，任何人的一个小小失误，或者发出一个错误的信号，就会导致有人做出背叛行为；然后形成连锁反应，选择背叛的人数会越来越多，最终整个集体所有人都会选择背叛。双方博弈中只要有一方主动提出合作，另一方同意，合作便是达成了，而多人博弈中很难有人会主动选择合作。所以说多人博弈中，无论是有限次数博弈还是无限次数博弈，都很难得到一个稳定的合作。

在欧洲建立共同体，推进货币统一的过程中，曾经出现了1992年的英镑事件。当时在考虑建立一种统一货币制度的时候，每个国家虽然表面上同意合作，却暗地里都在维护个人利益，其中隐含着一个"囚徒困境"。无论是德国、英国，还是意大利，大家都在小心翼翼地维持着谈判和合作的继续进行。但正是因为一个非常小的信号导致了当时合作的失败，并且陷入了困境。

德国在这场谈判中的地位既重要又特殊，首先是要维护欧洲区域的货币稳定，其次还要顾及自己国家的货币稳定。在如此压力之下，德国联邦银行总裁在某个场合暗示，德国不会牺牲国家利益。这句话看似没有问题，其实包含着很多信息。合作需要每一方都牺牲自己的一部分个人利益，如果德国不想牺牲个人利益，那么"囚徒困境"中的其他国家也不会选择牺牲个人利益。这种结局便是"囚徒困境"中的相互背叛。再加上德国联邦银行总裁是个举足轻重的人。这一条信息不但使谈判陷入僵局，同时被国际财团嗅到了利益，引来了国际财团的资金涌入，由此导致了1992年的英镑危机。

合作是人类拥有一个美好未来的保障，因此我们要相信希望。当年的谈判危机早已解决，欧元现在已经在欧洲使用多年，并且越来越稳定。

第6节 冤家也可以合作

我们前面讲过家电商场之间的价格战，在这场"囚徒困境"中，最终双方的结局是两败俱伤。那场博弈最后得出的结论是双方若是采取合作，选择都不降价，将会取得更大的效益。合作是我们得出的优势策略。

商场如战场，真真假假，情况非常复杂。聪明的商家如同数学家和军事家一样，有着敏锐的头脑，我们关于恶性降价竞争的博弈分析，其实也存在于他们的脑子中。这些精明的商人为了取得最大化的利益采取了很多措施，用尽了一切手段，其中就有价格方面的合作。尽管这些合作有的是主动的，有的是被动的。

我们下面讲几个关于商家之间价格大战的例子，看一下精明的商人是如何用价格来与同行达成合作的。

某市繁华的商业步行街上有两家杂货店，他们的店面分别在一条路的两边，正好斜对面，典型的冤家路窄。每个人都想把对手挤走，于是价格战便拉开了，这一打就是五六年，从来没消停过。

"床单甩货！跳楼价！赔本大甩卖！只需 20 元，纯正亚麻布！"这是其中一家刚刚贴出的广告，红底黑字非常显眼。战斗中一方对另一方的反应总是迅速的，不一会儿，另一家也贴出了广告："我们不甩货！我们不赔本！我们更不跳楼！我们的亚麻布床单从来都是18 元！"这样的广告词往往会让人忍俊不禁，也特别能吸引顾客。

今天是床单，明天是厨具，总之两家之间的价格战几乎天天打，有时候火药味还特别浓，甚至两个店的员工还要在大街上互相谩骂一顿。至于作战结果，有时候你赢，有时候我赢，基本上胜负各占一半。

价格战开始的时间也总是很准，往往是上午 10 点钟开始，一直斗到晚上人流高峰过去。步行街上人头攒动，这样的特价活动当然能吸引很多人，所以每一次无论谁赢了，他家今天降价的这类产品便会销售一空。两家都是如此，所以他们的产品更新特别快，虽然整天吵吵闹闹，但是生意还都算红火。再有就是，两家之间的价格战拼得如此之凶，让很多原本也打算在这里开杂货店的人都望而生畏。于是多年以来，这条步行街上就只有这两家杂货店。

直到有一天，一家店的老板决定移民国外，所以要将这家杂货店转让；巧的是另一家杂货店的老板也因为有事转让店面。后来这两个店面分别到了张三和李四的手中，两人看着这两家店生意风风火火，于是信心满满地开始了自己的老板生活。结果，几个月下来两人都发现不但没赚钱，反而亏了不少，非常苦闷。令他们想不通的是，同样的店面，同样的人群，同样的员工，甚至同样的价格大战，为什么换了主人之后就不赢利了呢？

直到一天一位员工告诉了张三真相，原来原先的两个老板并不是什么同行冤家，而是非常要好的朋友。到这条街上来做生意是他们共同商量好的，其中的日常经营更是包含着一堆的策略。两家店虽然每天都会进行价格大战，但是胜负均分，也就是说今天窗帘的价格大战你赢了，明天的桌布大战就肯定是他赢；胜负均分是为了保证利益均分。很多人都有冲动的购物心理，原本并不想买的东西，如果看到是在搞活动，特别便宜，便会去买回来。至于那些降价广告和两家店员工争吵，也是在演戏。

张三一下子明白了，原先两家店之间是合作关系，他们之间的价格战是设计好的一场戏。而现在两家店的价格战是真刀真枪，结果便是两家店都陷入"囚徒困境"，不赢利也算是理所当然的了。

第五章
智猪博弈

第 1 节 小猪跑赢大猪

山上的庙中生活着一个和尚，口渴了，他便拿起庙里的水桶和扁担到山下挑水喝。后来，又来了一个和尚。但是，两人谁都不愿自己一人下山挑水，让对方占便宜。最后，为了公平起见，两人一起到山下抬水喝。不久，庙里又来了第三个和尚。同样的问题再次出现了。如果一个人下山挑水，总有两个人是休息的。如果两个人抬水，依然会有一个人不用出力，坐享其成。每个人都不愿意自己受累吃亏，打算依赖对方。结果，三个和尚都没水喝，最终渴死了。

《三个和尚》是我们比较熟悉的一个故事。假如我们用博弈论的观点来看，会发现这个故事与博弈论中"智猪模式"的情况相吻合。

所谓"智猪模式"的基本情况是这样的：

在一个猪圈里，圈养了两只猪，一大一小，且在一个食槽内进食。根据猪圈的设计，猪必须到猪圈的另一端碰触按钮，才能让一定量的猪食落到食槽中。假设落入食槽中的食物是 10 份，且两头猪都具有智慧，那么当其中一只猪去碰按钮时，另一只猪便会趁机抢先去吃落到食槽中的食物。而且，由于从按钮到食槽有一定的距离，所以碰触按钮的猪所吃到的食物数量必然会减少。如此一来，会出现以下 3 种情况：

（1）如果大猪前去碰按钮，小猪就会等在食槽旁。由于需要往返于按钮和食槽之间，所以大猪只能在赶回食槽后，和小猪分吃剩下的食料。最终大猪与小猪的进食比例是 6：4。

（2）如果小猪前去碰触按钮，大猪则会等在食槽旁边。那么，等到小猪返回食槽时，大猪刚好吃光所有的食物。大猪与小猪最终的进食比例是 10：0。

（3）如果两只猪都不去碰触按钮，那么两只猪都不得进食，最终的比例是 0：0。

在这种情况下，无论是大猪还是小猪都只有两种选择：要么等在食槽旁边，要么前去碰触按钮。

从上面的分析中我们可以发现，小猪若是等在食槽旁边，等着大猪去按按钮，自己将会吃到落下食物的 4/10；而若是小猪去碰按钮的话，结果却是一点儿也吃不到。对小猪来说，该如何选择已经很明了，等着不动能吃上 4/10，而自己去按按钮反而一无所获，所以小猪的优势策略就是等在食槽旁。来看大猪，它已经不能再指望小猪去按按钮了，而自己去按按钮的话，至少还能吃上 6/10，要不就都得饿肚子。于是，大猪只好来回奔波，小猪则搭便车，坐享其成。

很显然，"小猪搭便车，大猪辛苦奔波"是这种博弈模式最为理性也是最合理的解决方式。无论是大猪还是小猪，等着别人去碰按钮都是最好的选择，但是如果两者都这样做的话，也就只有一起挨饿的份儿了。所以，大猪不得不去奔波，被占便宜。两头猪之间的"智猪博弈"非常简单，容易理解，同时还与许多现实社会中的现象有着相同的原理，能够给人们许多启发。

在生活中，我们时常看到这样一种现象：实力雄厚的大品牌会对某类产品进行大规模的产品推广活动，投放大量的广告。不过，过一段时间后，当我们去选购这类产品时，却发现品牌繁多，还有其他不知名的品牌也在出产这种商品，让消费者有足够的挑选空间。那么，为什么看不到这些小品牌对自己生产的同类产品进行推广呢？这种情况就可以采用我们上面提到的智猪模式来解释。要想推出一种商品，产品的介绍和宣传是不可缺少的。不过由于开支过于庞大，小品牌大多无法独立承担。于是，小品牌"搭乘"大品牌的便车，在大品牌对产品进行宣传，并形成一定的消费市场后，再投放自己的产品，把它们与大品牌的同类产品摆放在一起同时销售，并以此获取利润。很显然，在这场博弈中，小品牌就是"小猪"，而资金和生产能力都具有某种规模的大品牌则是"大猪"。

随着经济的发展，越来越多的人投身到股票和证券市场中来。越来越多的人到证券交易所开办个人账户，加入股票和证券交易之中。事实上，金融证券市场同样是一个充满博弈的地方。具体说来，其本身就是一种由多方参与的群体博弈。但是，由于影响其结果的因素中不仅包括参与交易者的个人情况以及策略，还有其他参与者的选择和决策。所以，导致股票和证券交易中的情况既复杂又多变。

不过，在这种交易中，大户与散户之间的博弈就是"智猪模式"的一种生动体现。比如，持有大量资金和股票的金融机构或是个体大户就等同于"大猪"。通常情况下，大户会花费大量的时间和金钱对相关信息进行收集，并对行情进行分析和研究，以确保自己在相对的低价位买进股票。正因为前期投入不少，所以，他们不会在所持股票价格达到预期值以前，就对其进行抛售回收资金。而且，他们会为了获得更高利润，让自己所持股票增值而设法提高股票价格。

对于这些股市中的散户来说，他们既没有充足的资金投入前期的各项准备之中，也没有丰富有效的信息资源为自己的决策提供服务，更没有操作大盘对所持股票进行炒作的能力。所以，要想赢利的最好的办法便是跟着大户和机构走。就像赌博中要想赢钱就得想办法跟着庄家走。在这里，机构和大户便是大猪，而散户则是小猪。

同样，这种博弈模式也适用于国际政治方面。比如在北约组织中，由于美国强劲的经济和军事实力，因此承担了组织大部分的开支和防务，而其他成员国则只要尾随其后就可以享受到组织的保护。这种情况就是所谓的"小国对大国的剥削"。与此同时，也使得我们能够更好地理解"占有资源越多，承担义务越多"这句话的真正含义。

在欧佩克石油输出组织中也存在类似的情形。在该组织的成员国中，既有沙特阿拉伯、伊朗这样的产油大国，也有一些石油储量和产量相对较弱的小国。欧佩克组织为了维护自身的利益以及稳定石油的价格，采取了对其成员国限定石油产量，实行固定配额制的措施。但是，在经济利益的驱使下，某些小的成员国会超额生产，以期获得更多的利润。

此时，倘若伊朗或是沙特阿拉伯也随之增加自己的产量，那么就会引起国际石油市场价格的下跌，反而造成了经济上的损失。所以，大的成员国在这种情况下会与小成员国达成某种合作机制，依照组织所规定的产量进行生产，做出一定的牺牲和让步，来维护和确保整个组织的共同利益。当然，大成员国的这种牺牲并非一种无私的奉献，自身的利益依然是他们一切行为的出发点。虽然看似那些大成员国向小成员国做出妥协，没有增加自己的产量，但是由于他们在组织中占据着很大的比例，因此他们依然会获得组织所带来的大部分经济利益。

此外，我们常说的以弱胜强、先发制人等策略的应用都可以从智猪模式的角度进行解读。

第2节 商战中的智猪博弈

现在，世界范围内的主流经济体系便是市场经济。市场经济又被称为自由企业经济，在这种经济体系下，同行业的众多企业会为了追求自己的经济利益而不择手段，进行激烈竞争。当然，有竞争就必定有博弈。这些参与竞争企业的规模有大有小，实力有强有弱。他们之间便会像那两只大猪和小猪一样，彼此之间展开博弈。所以，当一个具有规范管理和良好运作的小公司为了自我的生存和发展必须和同行业内的大公司进行竞争的时候，小公司应当采取怎样的措施呢？在兵法《三十六计》中，名叫"树上开花"的第二十九计是个不错的选择。

"借局布阵，力小势大。鸿渐于陆，其羽可用为仪也。"这句话出自《三十六计》。其中"借局布阵，力小势大"的意思是弱者可以通过某些手段造成对自己有利的阵势。"鸿渐于陆，其羽可用为仪"一句源自《易经》，是对一种吉祥卦象的解释，本义是指当大雁着陆后，可取其羽毛作为编制舞蹈器具的材料。这一计策的原理就是身处弱势时，可以凭借其他因素，像用大雁羽毛装饰那样壮大自己。

　　20 世纪中期，美国专门生产黑人化妆品的公司并不多，佛雷化妆品公司算得上是个佼佼者。这家公司实力强劲，一家独大，几乎占据了同类产品的所有市场。该公司有一位名叫乔治·约翰逊的推销员，拥有丰富的销售经验。后来，约翰逊召集了两三个同事，创办了属于自己的约翰逊黑人化妆品公司。与强大的佛雷公司相比，约翰逊公司只有 500 美元和三四个员工，实力相差甚远。很多人都认为面对如此强悍的对手，约翰逊根本就是在自寻死路。不过，约翰逊根据实际情况和总结摸索出来的推销经验，采取了"借力策略"。他在宣传自己第一款产品的时候，打出了这样一则广告："假如用过佛雷化妆品后，再涂上一层约翰逊粉质化妆霜，您会收到意想不到的效果。"

　　当时，约翰逊的合作伙伴们对这则广告提出了质疑，认为广告的内容看起来不像是在宣传自家的产品，反倒像是在吹捧佛雷公司的产品。约翰逊向合作伙伴们解释道："我的意图很简单，就是要借着佛雷公司的名气，为我们的产品打开市场。打个比方，知道我叫约翰逊的人很少，假如把我的名字和总统的名字联系在一起，那么知道我的人也就多了。所以说，佛雷产品的销路越好，对我们的产品就越有利。要知道，就现在的情况，只要我们能从强大的佛雷公司那里分得很小部分的利益，就算是成功了。"

　　后来，约翰逊公司正是依靠着这一策略，借助佛雷公司的力量，开辟了自己产品的销路，并逐渐发展壮大，最后竟占领了原属佛雷公司的市场，成为了该行业新的垄断者。

　　现在，让我们依照智猪博弈的模式来分析一下这个成功的营销案例。

在这场实力悬殊的竞争中，约翰逊公司就是那只聪明的小猪，佛雷公司便是那只大猪。对实力微弱的约翰逊公司来说，要想和佛雷公司竞争，有两种选择：

第一，直接面对面与之对抗；

第二，把对方雄厚的实力转化为自己的助力。

很显然，直接对抗是非常不现实、非理性的做法，无异于以卵击石。所以约翰逊做出的选择是先"借局布阵，力小势大"，借着对方强大的市场实力和品牌效应为自己造势，并最终获得了成功。

从另一个角度来说，当竞争对手是在实力上与自己存在很大差异的小公司时，大公司的选择同样有两种：

一、凭借着自己在本行业中所占据的市场份额，对小公司的产品进行全面压制，挤掉竞争对手。

二、接受同行业小公司的存在，允许它们占领市场很小的一部分，与自己共同分享同一块"蛋糕"。

不过，在我们上面讲述的案例中，约翰逊的聪明做法使得佛雷公司无法做出第一种选择来对付弱小的约翰逊公司。理由很简单，那就是约翰逊的广告。对于佛雷公司来说，这则广告非但没有诋毁自己的产品，而且起到了某种宣传的作用。更何况，在这种情况下全面压制对方的产品既费时又费力，还要投入更多的资金，既然有人免费帮忙宣传自己的产品，又可以给自己带来一定的利益，何乐而不为呢？

我们前面说过，"大猪"和"小猪"同时存在是智猪博弈模式存在的前提，即小猪虽然与大猪同时进食，却不曾对大猪所吃到食物份额造成严重的威胁。

具体到商业竞争中，当大公司允许小公司存在的时候。通常，小公司一旦进入市场并存活了下来，就会守住自己的市场份额，分享着由大公司经营策略所带来的机会和利润。不过，作为商业竞争的参与者，任何一个公司都不可能永远安于现状。所以，小公司必定会尽力发展自己，增强自身的实力。

对于大公司而言，一旦发现小公司的实力对自己造成威胁的时候，就应当采取相应的行动，对小公司进行打压，限制其发展。但是，在佛雷公司和约翰逊公司的商业博弈中，佛雷公司正是由于忽视了这一点，没有清楚地认识到约翰逊公司对自己造成的威胁，最终导致了自己被吞并的结局。

在美国，可口可乐和百事可乐公司长期以来都是饮料行业的两大龙头。在20世纪70年代末期，除去这两个公司旗下的产品外，该行业内还有一些其他商标的饮料产品。这类产品质量不高，属于该行业的低端产品。因为价格低廉让它们也能在市场中占有一定的份额。对于两大龙头公司来说，这类产品无论是在质量还是在产品的市场定位上，虽然具有一定的威胁性，却也十分有限。所以，可口可乐和百事可乐公司在最开始的时候，对这类产品采取了容忍的态度，允许它们与自己的产品同时出现，分得很少一部分市场份额，共享市场带来的利润。

在这类产品中，有一个主打牌子的生产商不满足于自己所占有的市场，开始尝试生产高质量的饮料产品，并以低价位向被两家龙头企业占据的市场发起冲击。随着这个具有地区性牌子的饮料的发展壮大，该产品生产商的实力得到了大幅度提升，其产品市场占有率后来竟然高达30%，大有与两家龙头公司分庭抗礼之势。

意识到这个品牌的威胁后，可口可乐和百事可乐两家公司同时采取措施，联手降低自己产品的价格，开始入侵原本不屑一顾的低价位市场。在此情况下，包括上述这家生产商在内的众多小公司都纷纷倒闭。最终，这类产品的市场被可口可乐公司和百事可乐公司瓜分。

在上述的这两个案例中，竞争对手相对单一。在经济快速发展的今天，跨区域、跨地界的合作越来越多，同一行业内不再是一家独大，经常会出现多个龙头企业存在的情况。其实，早在日本索尼公司创始人之一的盛田昭夫担任总裁的时候，他便提出了著名的"间隙理论"。这个理论的内容非常简单。他认为如果把每个企业所占有的市场用圆圈来表示的话，不同的圆圈中间必定存在一定的间隙，也就是说在各个企业瓜分市场份额时，总有剩余空间。比如说，在网络兴起后，很多中小企业很快发现了其中蕴涵的商机，建立了以网络购物为主的新型消费市场。以淘宝网为例，在 2009 年以前，有超过 9800 万人成为淘宝网的注册会员，交易金额高达 999.6 亿元，其在中国网络购物市场上所占的份额达到了 80%。而且，通过这个亚太地区网络零售规模最大的平台，许多中小企业，甚至是个体商贩都从中获得了巨大的利润。所以，对于那些规模和实力都不太强的中小企业来说，市场的这种间隙就是它们要努力开拓的生存空间。而且如何在强手如林的夹缝中生存下来，就是这些中小企业经营策略的主导方向。通常情况下是跳出原本的经营理念，依据自身的特点，去开创自身特有的市场。

总而言之，当"智猪模式"运用在商业竞争中的时候，同样需要遵循一定的前提条件。当竞争对手间存在较大差异的时候，实力弱小的竞争者要对实力强劲者先观察，了解对手产品在市场中的定位以及市场占有率。与此同时，要对自己的情况和产品有清楚的认识，并制定出合理的经营理念，把自己产品的市场定位与对手错开，避免自己与强大对手的直接对抗，转而借助对手创造的市场为自己寻找机会。另外，自身实力雄厚的竞争者，如果确定竞争对手的实力与自己相差很多，那么就不必在竞争之初便耗费过多的资源和精力压制对方，只要时刻关注对方的发展，不对自己构成威胁即可。毕竟，"共荣发展、共享利益"才是智猪博弈模式最终达到的一种平衡。

第3节 股市中的"大猪"和"小猪"

股票和证券交易市场都是充满了博弈的场所。博弈环境和博弈过程非常复杂，可谓是一个多方参与的群体博弈。对于投资者来说，大的市场环境，所购买股票的具体情况，其他投资者的行动都是影响他们收益的主要因素。对于购买股票的投资者来说，他们都是股市博弈的参与者，而整个股市博弈便是一场"智猪博弈"。

依据投资金额的多少，我们可以把投资者简单归为两类，一类是拥有大量资金的大户，另一类是资金较少的散户。

股票投资中的大户因为投资的金额较大，所以，为了保证自己的收益，他们必定在投入资金前针对股市的整体情况以及未来的走势进行技术上的分析，还有可能雇用专业的分析师或是分析公司做出准确的评估和预测，为自己制订投资的计划和具体策略。

一旦圈定了某些股票后，他们会收集该股票的相关信息，以确保自己能够以较低的价位吃进，在固定的金额内尽可能买进最多的份额。当然，这些针对信息的收集和分析都会消耗不少的时间和金钱。这些开支都被投资者计算在了投资成本中。

考虑到自己前期的投入，利益至上的大户一旦选定了某支股票，资金进入市场，就不会轻易赎回。对于大户来说，他们在计算股票收益时，必须扣除前期投入的成本，剩余的才算是自己真正的收益。所以，他们最希望看到的局面就是股价呈现出持续的上扬趋势，自己所持的股值不断地增加。

相对地，那些散户在把资金投入股市前的行为刚好与大户相反。通常情况下，他们在选择投资股票的时候，往往会做出"随大溜"的举动。散户最常见的做法就是看哪支股票走势好，就投资哪支股票。因为，在这些散户看来，股票的走势好就意味着选择这支股票的人很多。事实证明，这并非一种明智的做法。因为在股票交易市场中，"投资这支股票的人多"并不是"这支股票一定挣钱"的必要条件。只能说存在出现这种结果的可能。

从另一方面来说，散户虽然资金不多，但在某种程度上也是一种优势。相较于大户资金投入后较稳定的情况，因为资金数额小，散户便可以在交易中实现自由进出，资金的灵活性很强。一般情况下，买入卖出会更灵活，船小好调头。

"涨了便抛售，落了就买进"是散户最常见的投资行为。对于那些具有一定资金实力的大户来说，他们投资就是为了能使利益得到最大化。所以，他们不会坐等整个股市的行情向自己有利的方向发展。在必要的时候，他们会选择主动出击，甚至会利用自己的资金优势，通过设局的方式，来操控某一支股票股价的升降。

对于散户来说，最好的情况就是能够清楚地了解大户的投资策略。大户投资哪支股票，自己就跟着投资哪支股票。这样，散户就可以像"小猪"那样坐享其成，从大户的投资行为中为自己获取利益。所以说，"寻找大户的投资对象，及时跟进"就是散户在股票证券交易中的最佳策略。

不过，"让大户们为自己服务"只是一种最理想化的情况。我们是基于"智猪模式"，推断出这一情况的。而且，在该模式中，"大猪"和"小猪"的行为都严格遵守着这一模式存在的前提。但是，对于股票和证券交易市场来说，由于存在各种不确定性，所以大户和散户之间博弈的现实情况往往会更为复杂。

这些大户不会像"大猪"那样，傻乎乎地来回奔波，他们会选择隐藏起自己真实的投资行动，让散户无处"搭便车"。甚至，他们会利用散户坐享其成的心理，设局诱使散户做出投资行动，为自己谋利。例如，一个大户可以选择一支极易拉升股价的股票，通过散布一些虚假消息，吸引散户对该股票进行投资，待这支股票价格呈现出一定程度的上涨后，悄无声息地突然赎回，以此让自己在短时间内获得巨额利润。

这种通过设局，诱导散户做出定向投资的大户就是我们常说的"股市大鳄"。他们以雄厚的资金作为投资基础，自然会引导股票的走势倾向于有利于自己的一面。当他们利用资金，针对某一支股票开始坐庄时，就相当于形成了一个"猪圈"。此时，如果散户足够精明，能够看穿大户的打算，就可以趁机迅速买进，进入"猪圈"。

在股市中，称王的永远是坐庄的大户。所以，作为股市中的散户，除了要学会耐心等待"猪圈"的形成，抓住"进圈"的时机外，还要切记不可贪婪。获利之后，要学会及时撤出。毕竟，大户所做的决策是以自己获得利益为前提。如果大户选择震仓或是清仓，绝不会提前预警，往往是突然袭击。在这种情况下，散户就有可能血本无归，成为股市的牺牲品。

第 4 节 奖励机制拒绝搭便车

早在春秋时期，纵横家的始祖——鬼谷先生王诩在《鬼谷子》一书中曾经说道："用赏贵信，用刑贵正。"即"赏信，则立功之士致命捐生；刑正，则受戮之人没齿无怨也"。也就是说，对于建立功绩的人，要给予赏赐，这会让他们更加勤奋，即便是丧失生命也在所不惜。对于那些做错事的人，即使用严厉的刑法进行惩戒，他们也不会怨恨。而且，民间也有"无利不起早"这样的俗语。简单地说，即奖励机制非常重要。

从现在众多的企业管理实践来看，很多企业在员工的管理与约束方面，并没有建立起完善合理的奖励机制。

例如，在某些企业中，不仅缺乏有效的培育人才、利用人才、吸引人才的机制，还缺乏合理的劳动用工制度、工资制度、福利制度和对员工有效的管理激励与约束措施。当企业发展顺利时，首先考虑的是资金投入、技术引进；当企业发展不顺利时，首先考虑的则是裁员和职工下岗，而不是想着如何开发市场以及激励职工去创新产品、改进质量与服务。

那究竟采用什么样的激励制度才能够有效驱动员工呢？

我们知道，"搭便车"是小猪的最优选择，这让小猪可以不费吹灰之力便获得食物。不过,这种情况源自"智猪模式"的限定条件,而在实际中,这是一种不太合理的情况。仅从社会资源的角度来看,小猪搭便车的行为正是资源不合理配置的表现。试想一下,如果小猪这种"搭便车"的现象在现实社会生活中是一种绝对合理、的确无疑的做法的话,那么势必会造成一种结果,即大猪的数量逐渐减少,而小猪的数量则会越来越多。所以,我们可以说"智猪模式"对于资源的最优配置来说,是不可取的。

作为一个管理者,无论其管辖范围的大小,也许大到一个国家,或许小到一个家庭,资源得到最佳配置是每一个管理者希望看到的结果。而且,通过智猪博弈模式,我们能够体会到奖励制度对企业的重要性。好的制度可以提高企业员工的工作效率,为企业增加效益;反之,不好的制度规则必定会挫伤员工的工作积极性,给企业带来损失,甚至威胁到企业的存亡。

于是,怎样杜绝"搭便车"现象,如何才能让小猪参与到竞争中来,自然成为管理者们想要破解的难题,也是管理者们制定奖励制度要考虑的核心问题。

以智猪模式为例,每次落在食槽中的食物数量和按钮距离食槽的路程是影响大猪和小猪进食多少的关键所在。那么,就让我们对这两个具有关键性因素的数据进行一些变动,看看改进后会出现什么情况,小猪"搭便车"的情况是否还依然存在。

假设按钮与食槽距离保持原样不动,那么从食物的数量入手,改进的方式有以下两种:

(1)减少食物的数量。

将食物的数量减至原来的一半,即由原来的10份食物变为5份。

如此一来，便会产生这样的情况：

假如大猪去碰触按钮，小猪会在大猪返回食槽前就吃完所有的食物，两者进食比例是 0：5；

假如小猪去碰触按钮，大猪会在小猪返回前吃完所有的食物，则两者的进食比例是 5：0。

也就是说，无论谁跑去碰触按钮，结果都是无法吃到食物。谁去碰触按钮就等同于将食物拱手让给对方，为对方服务，自己饿肚子。这样一来，大猪和小猪肯定谁也不愿意动弹，结果便是双双挨饿。看来，这不是一种好的改进方案。

（2）增加食物的数量。

将每次落入食槽中的食物总量比原来增加一倍，即变为 20 份食物。这种改进方法为小猪和大猪都提供了充足的食物，不过，也正是由于这一点，无论大猪还是小猪，只要碰触按钮就可以让自己吃饱，不利于提高大猪、小猪碰触按钮的积极性。这种不利于竞争、没有效率的改进方案也不是最好的改进方案。

增加食物和减少食物的改进方案都不符合我们的要求，不能再从食物量上面想办法，可以考虑在按钮与食槽之间的距离上动动脑子。下面便是几种改进方案：

（1）移动食槽位置并减少食物投放量。食物只有原来的一半分量，但同时将食槽与按钮之间的距离缩短。这样，谁碰到按钮之后便会第一时间吃掉落下的食物，而且每次的食物刚好吃完，不会产生浪费。与此同时，随着碰触按钮的次数增加，便会吃到更多的食物，对食物的不懈追求会刺激小猪和大猪抢着碰触按钮的积极性。所以，这一方案既降低了成本，也提高了其工作的积极性。

（2）移动食槽位置但不改变食物投放量。食槽与按钮之间的距离缩短后，跑去按按钮的劳动量必然减少，而且，在这种情况下，落入食槽中的食物即使不发生变化，食物的数量相对而言还算充足。那么，无论是大猪还是小猪都会去碰按钮，吃到的食物相应也会增多。不过，在提高积极性方面不如第一种方案。

（3）移动食槽位置并增加食物投放量。按照这种方案，大猪、小猪都会碰按钮，也都会得到更多食物。吃得多长得快，快速达到出售的标准，自然会增加效益。只是这种做法存在一个问题，即成本的增加。这就给每次落下食物的分量提出了很高的要求，如果把握不好有可能会造成浪费。所以，要想成功实施这种方案，存在一定的难度。

综合以上几种情况分析来看，显然移动食槽位置并减少食物投放量的方案既减少了成本，又刺激了大小猪的积极性，是最佳的改进方案。

现在，我们以一个具体的例子来进行一下分析。

一个软件公司的研发部门具有很高的水平，该部门的工作人员个个都是技术高手。公司打算设计开发一款应用软件，经过市场调研，认为一旦开发成功，公司将会赢利5000万元。当然，如果研发工作失败，后果不必多说，必定连前期的投入都打了水漂。

在没有其他因素干扰的情况下，这个项目的成败就集中在了该部门人员的工作态度上。如果，他们的工作积极性不高，只是为了应付工作而工作，那么这个项目成功的几率必定会下降，我们把这种状态下的成功几率假定为50%。只要他们全身心投入工作，自然能够提升该项目的成功几率，我们将这种状态下的成功几率假定为 90%。

为了提高该部门员工的工作积极性，老板决定拿出一笔资金作为该部门人员的奖金。那么，这笔奖金的数额就是这次奖励是否能达到预期效果的关键所在。

从研发部门员工的角度来说，他们的心中对老板发放奖金的数额自然有所期待。假设研发部门的员工认为，他们所能接受的奖金最低数额是 400 万元，心中的期待值是 600 万元的话，那么老板的奖金数额必须高于 400 万元才行。简单来说，就是老板奖励 400 万元，软件的成功率是 50%；奖励 600 万元，软件的成功率是 90%。

不过，软件公司老板的这种奖励机制是存在问题的。对于公司的老板来说，奖金属于该软件的制作成本。假如在软件还没完成的时候，老板就发放了奖金，的确能够起到刺激员工认真工作的作用。但是，无论是奖励 400 万元，还是奖励 600 万元，软件的成功率都不是 100%。一旦失败，老板所付出的这些奖金也会付之东流。

如此一来，老板必定会向员工许诺，在软件成功后发放奖金。假设奖金是 400 万元，那么只能保证员工会好好工作。奖金的数额对员工的刺激有限。假设奖金是 600 万元，那么员工们肯定会努力工作，全力以赴。

即便如此，老板仍然无法保证该部门的员工将竭尽所能、尽心尽力地完成该项目。那么，到底该采用怎样的奖励机制才能最大限度地发挥员工的能力呢？

我们常说"有奖有罚"。如果公司的老板以此制定奖励机制效果将会怎么样呢？

老板可能会制定出这样的规定：如果软件研发成功，研发部门将获得 800 万元的奖金，如果软件研发失败，那么研发部门将承担 100 万元的处罚。

从理论上来说，800 万元大大高出了员工的期望值，必定会给员工的工作积极性带来很大的提升。如果研发失败，该部门的员工不仅拿不到额外的奖励，还要为自己的失败买单。这种奖励策略的确可以提高员工工作的热情和工作态度。不过，这就意味着，原本应由老板和公司本身承担的市场风险，其中的一部分以罚金的形式被转嫁到了员工的身上。这种做法不符合常理和实际情况，可行性只停留在理论层面上。

综上所述，该公司老板最合理的奖励方案是：技术部门的每一位员工分得公司股份的1%，可在年底享受公司分红。另外，该项目研发成功后，技术部门整体将获得 600 万元的奖金。

这样的奖励方案，不仅调动了员工工作的积极性，又通过让员工持有公司的股份，把公司的命运以及可能承担的风险与员工自身的利益结合在了一起。针对于这个案例的具体情况，这个奖励方案是公司老板的最优选择。

由此，也让我们意识到，作为一个管理者在制定制度的时候，应当注意以下四点：

第一，奖励机制的奖励程度必须适当。

如果奖励太多，就给员工们形成了一个太过于宽松的大环境，造成员工危机感的缺失。奖励太少，不仅起不到奖励的作用，甚至可能会让员工产生埋怨和不满的情绪，得不偿失。所以，奖励机制把握奖励的合理程度，"不及"和"过了头"都不好。

第二，针对不同的奖励对象，奖励机制也要有所不同。

例如，一个公司内部的各个部门，分工不同，职责不同，工作的强度和难度不同。所以，奖励机制也应当根据各部门的实际情况略有变动。

第三，有赏有罚，赏罚分明。

每个人都各有所长，工作能力有强有弱。作为公司的领导要及时发现自己下属员工的优缺点。对于员工的工作成绩要予以肯定和奖励，激发员工的工作热情。当然，对于那些工作不认真、不合格的员工也要及时发现，做出相应的处罚。

第四，奖励制度必须考虑成本。

公司运营的目的就是营利。对于员工的奖励同样属于公司的运营成本，如果只是一味注重奖励的效果，制定出不符合实际情况的奖励制度，既造成了资金上的无谓浪费，也给公司增加了成本上的负担。这种奖励制度无疑将不利于公司未来的发展。

第5节 富人就应该多纳税

在前面的章节中，我们曾提到过"占有资源越多，承担的义务越多"这一观点。例如，很多大公司经常会在公共事业方面进行一定的投资。如果稍加留意会发现，这些由大公司出资建设的公共设施有时刚好涉及这些公司的切身利益。

在美国，一些主要的航道上都建有不少为夜间航行提供照明的灯塔。要知道，这些灯塔的建造者不是美国政府，而是那些大型的航运公司。因为这些大型航运公司的业务繁多，有不少需要夜间出航的班次。为了夜间航行的便利，在航道上建造灯塔非常有必要。

事实上，要在这些主航道上夜航的船只中，不仅有那些大公司的船只，还有一些小的航运公司的船只。不过，与积极主动采取行动的大公司不同，这些小公司对建造灯塔的活动并不热衷。理由很简单，因为建造灯塔需要投入大量的资金。对于收益不高的小公司来说，这笔支出远远高于灯塔建造好后给自己带来的收益。

但是，对于该行业的大公司来说，则刚好相反。设置灯塔后，航运的安全得到了保障，提高了航行的速度，缩短了航行的时间，给公司带来的收益自然随之增加。所以，大公司认为这是极为划算的一笔投资，即使完全独自承担这笔费用，它们也是乐意为之。

于是，这项同行业都可以获得益处的公共设置就这样建造完成了。那些小公司搭乘大公司的便车，未出分文便享受到了灯塔给自己带来的收益。

也许会有人说，这种做法未免有失公平。不过，从获得利益多少的角度来看，我们会发现，只用"公平"两个字很难去界定这种情况。更何况"多劳"在很多时候是"多得者"心甘情愿的选择。

现在，在很多国家都推行的个人所得税上也体现着这一点。具体说来，就是对那些高收入人群征收高额的税款，收入越高，税收的比率越高，然后将这些税款用于社会公共和福利事业。例如美国的个人所得税的最高税率在 20 世纪六七十年代高达 70%，在瑞典、芬兰这些北欧国家，最高税率甚至超过了 70%，被称为"高福利国家"。

但是，这种高额税率的个人所得税制度也存在着明显的弊端，因为它会严重影响人们的工作积极性，导致劳动者对努力工作产生抵触情绪。毕竟，在一个社会安定的国家，辛勤工作，努力争取更好生活的人群还是占大多数的，整日无所事事、游手好闲的人毕竟是少数。所以，在 20 世纪 90 年代的时候，这种个人所得税的最高税率得到了重新调整，并日趋合理。

另外，"占有资源多者，承担更多的义务"这种观点还体现在很多方面。再如，在股份有限制、有限责任制等现代企业所采用的制度中，大股东和小股东的差异也是这种观点最为直观的体现。

依照股份制的要求，每一个股东都具有监督公司运营的义务。不过，这种监督需要投入大量的时间、精力和资金以获取相关的信息，并对公司的运营状况进行分析。这是一笔不小的开支。而且，我们也知道，在一个股份制的公司中，公司的赢利最终会按照占有股份的比例进行分配。大股东的收益多，小股东的收益少。因此，便造成这样一种局面：大股东和小股东在承担了这样一笔不小的监督开支后，在收益方面的差异会愈加明显。所以，小股东要么在承担监督费用后，获得较少的收益，要么不参与公司运营的监督，直接领取公司分配的收益。很明显，参与监督后，小股东的收益要减去监督的费用。不参与监督，便不存在因监督而产生的开支。两者比较之下，就导致小股东不会像大股东那样积极地参与对公司运营的监督。

事实上，大股东非常清楚小股东是在搭自己的便车。但是，如果自己也像小股东那样不参与公司运营的监督，那么公司便会处于无人监管的境地，不利于公司的发展，也会影响到股东们的最终收益。在这种情况下，大股东们没有更好的措施，只好像"智猪模式"中的那只大猪一样，放任小股东们的这种做法，为了自己的最终利益来回奔波，独自承担起监督费用，履行自己对公司的运营义务。

所以，我们看到在一个股份制的公司中，会存在一个负责监督公司运营的董事会。其中的成员都拥有该公司一定量的股份，并对公司的具体运营操作拥有发言权和投票权。而那些小股东自然就是搭乘顺风车的"小猪"，不再花费精力和财力监督公司的经营，对公司的发展也不再拥有主导权，只是坐享大股东所带来的利益。

我们可以通过具体的数字来理解这一情况。假如存在这样一个股份制公司，公司的运营情况的好坏和公司的最终赢利直接挂钩，并会按照拥有公司股份的比例进行分配。由公司聘来的经理们负责该公司具体的运营工作。另外，针对这些经理们的监督工作，每年的费用是10万元。A先生购买了该公司1000万份股票，成了该公司的大股东。B先生购买10万份该公司的股票，成了该公司的小股东。

当公司发展运行正常的时候，A先生作为大股东分得的利润是100万元，B先生作为小股东分得的利润是1万元。那么，除去监督费用，A先生最终获得90万元，而B先生则要另外再支付9万元。100：1的收益比例，已经让两人的收益形成了强烈的对比，在扣除监督费用后，B先生不仅没有从公司获得利益，反而还要从自己的口袋里拿出9万元，这就进一步拉大了两人收益的差异。

从B先生的角度出发，如果不用承担监督的支出，自己还能获得1万元的收益，一旦付出监督费用后，这项投资就变成了一桩赔钱的买卖。B先生自然不愿去开展监督公司运营的活动。另一方面，从A先生的角度来看，可以聘请一位优秀的经理来监督公司的运营状况，让公司运营得更好，获得更多的收益。这样一来，聘请经理和前期投入一定的资金是值得的。因为那会给他带来更多的利润，这种投资是非常值得的。

此外，如果公司的运营状况不佳，出现了亏损，作为大股东的A先生不仅拿不到更多的利润，还会因为占有公司大部分的股份而损失更多的金额，所以，A先生会更加积极主动地关注公司的运营情况，而B先生也乐得退出公司的监督管理层，在一旁等着分享由A先生带来的利益。鉴于自身利益的考虑，A先生对B先生的做法，也只得睁一只眼闭一只眼，不加干涉。

在这个股份制公司的股东中，A先生就是那只为了吃到食物不停奔波的"大猪"，而B先生则是在食槽旁等着落下食物的"小猪"。最终，两者都实现了各自的利益，达到了一种平衡，共同发展。

"不可能存在绝对的平等，但是，在某种程度上的不平等，不仅是应当存在的，而且是必需、不可缺少的存在。"正如20世纪著名的思想家哈耶克所说，在这个客观世界，无论在哪个方面，科技、知识、人们的生活水平，所有人都处在同一个水平或是境况中是不可能的，也是不现实的。就像改革开放时，邓小平曾说过要让一部人先富起来那样，总会有少数人走在多数人的前头，然后带动大部分人共同发展提高。

在经济学中，有一个叫作"边际效用"的概念，具体是说："在一定时间内消费者增加一个单位商品或服务所带来的新增效用，也就是总效用的增量。在经济学中，效用是指商品满足人的欲望的能力，或者说，效用是指消费者在消费商品时所感受到的满足程度。"其实，即便是在"智猪模式"中，大猪来回奔波也不能说不是一种心甘情愿的做法。毕竟，它吃到的食物总是要比小猪的多，而小猪等在食槽旁也只不过是为了吃到食物而已。这不也是一种符合"边际效用"的做法吗？在一定程度上形成了一种平衡的局面，又何尝不是一种"公平"呢？

第6节 学会"抱大腿"

智猪博弈模式中有一种非常奇怪的现象，那就是小猪如果等着大猪去碰按钮，还能抢得一半食物吃。而如果是自己去碰按钮，反而没有食物吃。也就是劳动反而不如不劳动，既然如此，小猪的优势策略就是趴在一边，等着分享大猪的劳动成果。也就是"抱大腿""搭便车"。

"抱大腿"在汉语中是一个带有贬义的词汇。在我们的伦理道德中，"抱大腿"是被人唾弃的一种行为。不过，商业竞争中存在这种行为就要具体情况具体分析了。

"抱大腿"在可以看作"搭便车"的一种变形，这是一种非常符合经济学理论的行为。而且，在某种程度上来说，实力稍弱的一方可以利用他人的强势，为自己服务，甚至最终获得凌驾于对手之上的结果。所以，当置身于"智猪模式"的博弈环境中时，"抱大腿"就是极为明智的做法。像前文中提到的约翰逊公司就是通过抱住佛雷公司的"大腿"，获得了最终的成功。

事实上，这种行为在社会上并不少见。以现在的图书市场为例，我们通常会看到这样的现象，如果某本图书或是某种类型的图书比较畅销，在随后很短的时间内，市场上就会出现与该书内容相似或相近的图书。例如，《狼图腾》一书在图书市场出现销售火暴的情况后，与其类似内容的书籍便纷纷出炉，争相登场。这种情况的出现并不能表明制作这类书籍的书商存在什么道德问题，毕竟从商业利益的角度来看，这种做法能让他们以最小的成本获取最大收益。对于这些书商来说，这是他们的最佳选择。

其实，就以获取利益为目的的营销者来说，"抱大腿""搭便车"是类似于坐收渔翁之利的营销策略。例如，四川的泸州老窖是国内白酒产品中位列前十名的名牌产品。不过在 20 多年前，泸州老窖也只是在四川省省内小有名气，远没有今天这样的知名度。

1987 年，在泰国曼谷召开了国际饮料食品展览会。泸州老窖系列产品中的特曲酒获得该届展览会的最高奖。3 年后，这款特曲酒又在第十四届巴黎国际食品博览会上，荣获得了中国白酒产品中唯一的金奖。泸州老窖酒厂抓住时机，借助这两次国际展销会的声望和影响，邀请了当时的一些领导人以及各界有影响力的知名人士参加在人民大会堂召开的正式庆祝活动。同时，在当时的条件下，还借助各种形式的媒体，以获得的国际奖项为由，加大对自己产品的宣传力度。一时间，泸州老窖的名字传遍了大江南北，成为了全国的知名产品。

对泸州老窖来说，只要质量过硬，必定能把自己的产品打入全国市场，乃至国际市场，只是需要一定的时间罢了。但是，泸州老窖酒厂借助产品获得国际奖项的机会，不仅提早完成了扩展市场的目标，而且省时省力，在很短时间内就见到了成效。可谓是成功运用"抱大腿""搭便车"这一策略的范例。

通常情况下，"抱大腿"或是"搭便车"的行为多是实力稍弱者采用的策略。实力弱的小企业借助强势大企业的实力，经常可以通过很少的投入，获得较多的回报。有些时候，小企业不仅能和大企业收获相同的回报，甚至会在收益方面出现小企业高于大企业的情况。在这种情况下，便会产生大企业被众多小企业拖垮的可能。大企业为了避免被小企业赶超或是拖垮，必定会不断提高自身产品的质量，加快技术的革新，制造出领先一步的新产品，抢先占领新市场。所以说，商业竞争中的这种情况对于消费者来说是有利的。

在博弈中，"抱大腿"和"搭便车"的行为不仅限于实力存在差距的博弈者之间，即便是在博弈者实力相当的博弈中，这种策略也是可行的。例如，英特尔和 AMD 之间的博弈就是如此。

对于广大的普通消费者来说，人们更熟悉英特尔这个品牌。其实，那些真正从事电脑产业的人很清楚，AMD 和英特尔一样，也是 CPU 产业中的佼佼者。两者在技术方面都具有强劲的实力，甚至在某些时候，AMD 的技术实力更胜一筹。在 CPU 的更新换代上，两者之间的竞争从来都没有停止过。

我们总是从广告中，得知英特尔推出的新一代 CPU 产品的信息。这样的信息，很容易让人以为英特尔在 CPU 产品的更新升级方面始终处于领先地位。然而，事实恰恰相反，CPU 的每一次升级都是由 AMD 率先完成的。

最典型的就是 CPU 的规格从奔腾 III 升级为奔腾 IV。最先完成这一升级计划，推出奔腾 IV 处理器的并不是广大消费者熟知的英特尔，而是 AMD。AMD 在完成新一代处理器后，便立即投放市场，开始推销自己的最新产品。对于这种具有高科技的新产品来说，消费者不可能在产品刚刚上市的时候，就形成强劲的购买力。必须经过一段时间的了解，当消费者逐渐熟悉了新产品的功能和效用后，才可能在认知上认同新产品，从而形成购买欲望和热情。

所以，就在 AMD 的新处理器上市两个月后，市场上才刚刚形成了一定的购买力。此时，英特尔出招了。英特尔高调推出了自己的同类产品。消费者的购买目标就会转向英特尔的产品。由此，AMD 辛苦了几个月的宣传成果被英特尔"截取"了。

AMD 虽然在技术领域与英特尔不相上下，但是在市场占有量上远不如英特尔。这是因为英特尔凭借着自身强大的资金优势，在产品的宣传上耗费了大量的时间和资金，以此在消费者心中确立了自己是该领域龙头老大的地位。即便拥有资金和市场份额的优势，英特尔并没有时时冲在前面，而是选择了做"智猪博弈"中的小猪，采用"搭便车"的策略。英特尔放手，让 AMD 率先进入市场。当AMD 费心费力地把市场预热后，英特尔再凭借着自身的优势选择合适的机会入场，既节省了时间，又节省了产品前期宣传的投入，可谓一举两得。

"搭便车"策略的应用并不只限于商业竞争。在我们的人际交往和人生奋斗的过程中，同样可以使用"搭便车"的策略。我们现在生活的时代，给每一个人都提供了自由宽松的大环境，每个人都可以通过个人奋斗来获取成功。

我们常常会听到这样的说辞：某某人之所以能够获得今天的成就，多亏当初有贵人相助。所谓的"贵人"就是在我们进行个人奋斗的过程中，会碰到这样一类人——他们有丰富的人生阅历，或是拥有充足的资金，或是拥有渊博的知识。当我们困惑的时候，他们给我们指明了前进的方向；当我们举步维艰的时候，他们伸出援手帮助我们摆脱困境。这种情况就是我们常说的得到了"贵人相助"。

在现实生活中，因为碰到"贵人"而改变自己人生轨迹的情况很多，古今中外都不乏其人。例如，清末重臣李鸿章在初次会试落榜后，曾一度消沉，正是因为后来拜在曾国藩的门下，得到了曾国藩的指点和提携，这才有了李鸿章后来的政治成就。再如，好莱坞国宝级影星寇克·道格拉斯如果不是在火车上碰到了那位知名的女制片人，可能最终都不会走上大荧幕，成为家喻户晓的电影演员。同样，如果少年时代的克林顿不曾在白宫的草坪上与肯尼迪总统相见，不曾得到肯尼迪总统的亲口鼓励，也许，美国历史上的第 42 任总统的名字就不是威廉·杰斐逊·克林顿了。

从某种角度上来说，得到"贵人相助"也是"搭便车"的一种形式。我们或是借助他人的力量，或是借助他人的名望，来缩短个人奋斗的历程。有一种比喻能够非常形象地表明这种关系："一个人的奋斗历程就像是在爬楼梯，一步一个脚印地向上攀登。然而，贵人的出现则像是乘上了电梯。"

综上所述，无论是商业中的"抱大腿"，还是人生奋斗历程中的"搭便车"都是一种策略，是一次机会。只要我们以一种平实的心态，就能以这种更加快捷的方式获得成功。

第六章
猎鹿博弈

第 1 节 猎鹿模式：选择吃鹿还是吃兔

　　猎鹿博弈最早可以追溯到法国著名启蒙思想家卢梭的《论人类不平等的起源和基础》。在这部伟大的著作中，卢梭描述了一个个体背叛对集体合作起阻碍作用的过程。后来，人们逐渐认识到这个过程对现实生活所起的作用，便对其更加重视，并将其称之为"猎鹿博弈"。

　　猎鹿博弈的原型是这样的：从前的某个村庄住着两个出色的猎人，他们靠打猎为生，在日复一日的打猎生活中练就出一身强大的本领。一天，他们两个人外出打猎，可能是那天运气太好，进山不久就发现了一头梅花鹿。他们都很高兴，于是就商量要一起抓住梅花鹿。当时的情况是，他们只要把梅花鹿可能逃跑的两个路口堵死，那么梅花鹿便成为瓮中之鳖，无处可逃。当然，这要求他们必须齐心协力，如果他们中的任何一人放弃围捕，那么梅花鹿就能够成功逃脱，他们也将会一无所获。

　　正当这两个人在为抓捕梅花鹿而努力时，突然一群兔子从路上跑过。如果猎人之中的一人去抓兔子，那么每人可以抓到 4 只。由所得利益大小来看，一只梅花鹿可以让他们每人吃 10 天，而 4 只兔子可以让他们每人吃 4 天。这场博弈的矩阵图表示如下：

猎人乙

		猎兔	猎鹿
猎人甲	猎兔	（4，4）	（4，0）
	猎鹿	（0，4）	（10，10）

第一种情况：两个猎人都抓兔子，结果他们都能吃饱 4 天，如图左上角所示。

第二种情况：猎人甲抓兔子，猎人乙打梅花鹿，结果猎人甲可以吃饱 4 天，猎人乙什么都没有得到，如图右上角所示。

第三种情况：猎人甲打梅花鹿，猎人乙抓兔子，结果是猎人乙可以吃饱 4 天，猎人甲一无所获，如图左下角所示。

第四种情况：两个猎人精诚合作，一起抓捕梅花鹿，结果两个人都得到了梅花鹿，都可以吃饱 10 天，如图右下角所示。

经过分析，我们可以发现，在这个矩阵中存在着两个"纳什均衡"：要么分别打兔子，每人吃饱 4 天；要么选择合作，每人可以吃饱 10 天。在这两种选择之中，后者对猎人来说无疑能够取得最大的利益。这也正是猎鹿博弈所要反映的问题，即合作能够带来最大的利益。

在犹太民族中广泛流传的一个故事就能很好地反映这个问题。

两个小孩子无意之中得到一个橙子，但在分配问题上产生了很大的分歧，经过一番激烈的争论之后，他们最后决定把橙子一分为二。这样，两个孩子都得到了橙子，各自欢欢喜喜地回家去了。回到家中，一个孩子把得到的半个橙子的果肉扔掉，用橙子皮做蛋糕吃。而另一个孩子则把橙子皮扔掉，只留下果肉榨汁喝。

在这个故事中，两个孩子都得到了橙子，表面看起来是一个非常合理的分配，但是两个孩子一个需要果肉，一个需要果皮，如果他们事先能够进行良好的沟通，不就能够得到比原来更多的东西吗？也就是说，原本橙子的一半可以得到很好的利用，可是因为当事人缺乏良好的沟通，最后造成资源的浪费，而那两个孩子也没有得到最大的利益。

这种由于人们争持不下而造成两败俱伤的事情在现实生活中比比皆是，归结其原因，主要在于每个人都是独立的个体，在决策时只从自身的利益出发进行考虑，与别人缺少必要的沟通和协调。此外，他们不懂得合作更能够实现利益最大化的道理。

在现实生活中，凭借合作取得利益最大化的事例比比皆是。先让我们来看一下阿姆卡公司走合作科研之路击败通用电气和西屋电气的故事。

在阿姆卡公司刚刚成立之时，通用电气和西屋电气是美国电气行业的领头羊，它们在整体实力上要远远超过阿姆卡公司。但是，中等规模的阿姆卡公司并不甘心臣服于行业中的两大巨头，而是积极寻找机会打败它们。

阿姆卡公司秘密搜集来的商业信息情报显示，通用和西屋都在着手研制超低铁省电矽钢片这一技术，从科研实力的角度来看，阿姆卡公司要远远落后于那两家公司，如果选择贸然投资，结果必然会损失惨重。此时，阿姆卡公司通过商业情报了解到，日本的新日铁公司也对研制这种新产品产生了浓厚的兴趣，更重要的是它还具备最先进的激光束处理技术。于是，阿姆卡公司与新日铁公司合作，走联合研制的道路，比原计划提前半年研制出低铁省电矽钢片，而通用和西屋电气研制周期却要长了至少一年。正是这个时间差让阿姆卡公司抢占了大部分的市场，这个中等规模的小公司一跃成为电气行业一股重要的力量。与此同时，它的合作伙伴也获得了长足的发展。2000年，阿姆卡公司又一次因为与别人合作开发空间站使用的特种轻型钢材，获得了巨额的订单，从而成为电气行业的新贵，通用和西屋这两家电气公司被它远远地甩在了身后。

在这个故事中，阿姆卡公司正是选择了与别人合作才打败了通用电气和西屋电气，从而使它和它的合作伙伴都获得了利益。如果阿姆卡在激烈的竞争中没有选择与别人合作，那么凭借它的实力，要想在很短的时间内打败美国电气行业的两大巨头，简直比登天还难。而日本新日铁公司尽管拥有技术上的优势，但是仅凭它自己的力量，想要取得成功也是相当困难的。

包玉刚与李嘉诚合作，成功从怡和洋行手中抢过九龙仓的故事也说明了合作能够给双方带来最大利益。

"九龙仓"是香港最大的英资企业集团之一，也是香港四大洋行之首怡和洋行旗下的主力军。可以说，谁掌握了"九龙仓"，就等于将香港大部分的货物装卸和储运任务揽入怀中，从中可以获得巨大的利益。香港商业巨子包玉刚凭借投资建造大型油轮而成为著名的"世界船王"，在海洋上的成功并没有让包玉刚得到满足，所以他决定把事业逐步转移到陆地上来。他把一部分财产投资在当时形势非常好的几大产业上面。但是，这只是包玉刚弃船登陆迈出的一小步，真正的大手笔是他与国资本集团展开的"九龙仓"之战。

当时的形势对包玉刚有些不利，因为财大气粗的李嘉诚是九龙仓十大财团之首。包玉刚从怡和洋行夺得九龙仓本来就非常困难，如果再有李嘉诚的掣肘，那必然会难上加难。但是，当时李嘉诚正在和别人争夺"和记黄埔"，无法分身处理九龙仓之事，这正为包玉刚成功抢夺九龙仓提供了有利条件。包玉刚对当时的形势进行了一番仔细的研究和分析，他认为仅凭自己的实力，硬拼非但无法得到满意的结果，反而可能会对自己造成极大的伤害。他发现李嘉诚正纠缠于"和记黄埔"之事，于是就想到：如果我帮助李嘉诚顺利解决"和记黄埔"一事，他再帮我成功抢下九龙仓，这对双方来说不是一件两全其美的好事吗？想到这里，他就决定主动与李嘉诚寻求合作。

为了向李嘉诚示好，包玉刚主动抛出"和记黄埔"的9000万股股票。李嘉诚得到包玉刚的帮助后实力大增，最后成功地夺下了"和记黄埔"。李嘉诚没有白白接受包玉刚的恩惠，他把自己的2000万股九龙仓股票转让给了包玉刚。在李嘉诚的帮助下，包玉刚属下的隆丰国际有限公司已经实际控制了约30%的九龙仓股票。他的竞争对手，怡和财团下属的另一个主力置地公司手中股票份额不及隆丰国际有限公司。这也就表示包玉刚在与怡和洋行的对抗中取得了阶段性的胜利。但是，怡和财团并不甘心丢掉"九龙仓"，所以急忙制定出相应的措施，想用重金收购"九龙仓"股票的方式逼走包玉刚。包玉刚对此早有防范，所以轻而易举地击退了怡和财团的反扑，顺利地夺下"九龙仓"。

在这个故事里，包玉刚打败怡和洋行，在很大程度上取决于与李嘉诚的合作。同样，李嘉诚也因为包玉刚的帮助，成功地保住了"和记黄埔"。如果包玉刚不和李嘉诚合作，那么凭他自己的力量是无法与怡和洋行对抗的。李嘉诚因得到包玉刚的帮助而成功拿下"和记黄埔"，也从中获得了收益。这个故事体现出一个非常深刻的道理，只有合作才能够使双方得到利益最大化。

第 2 节 帕累托效率

在猎鹿博弈模式中，出现了两个"纳什均衡"，即（4，4）和（10，10）。两个"纳什均衡"代表了两个可能的结局，但是无法确定两种结局中哪一个会真正发生。比较（4，4）和（10，10）两个"纳什均衡"，我们可以轻而易举地判断出，两个人一起去猎鹿比各自为战、分别去抓兔子要多得 6 天的食物。根据长期在一起合作研究的两位博弈论大师——美国的哈萨尼教授和德国的泽尔腾教授的说法，两人合作猎鹿的"纳什均衡"，比分别抓兔子的"纳什均衡"具有帕累托优势。也就是说，（10，10）与（4，4）相比，其中一方收益增大，同时其他各方的境况也没有受到损害，这就是所谓的帕累托优势。

帕累托优势有一个准则，即帕累托效率准则：经济的效率体现于配置社会资源以改善人们的境况，特别要看资源是否已经被充分利用。如果资源已经被充分利用，要想再改善我就必须损害你，或者改善你就必须损害我。一句话，如果要想再改善任何人都必须损害别人，这时候就说一个经济已经实现了帕累托效率最优；相反，如果还可以在不损害别人的情况下改善任何一个人，就认为经济资源尚未充分利用，就不能说已经达到帕累托效率最优。

效率指资源配置已达到任何重新改变资源配置的方式都不可能使一部分人在不损害别人的情况下受益的状态。人们把这一资源配置的状态称为"帕累托最优"状态，或者"帕累托有效"。

在猎鹿博弈中，两人合作猎鹿的收益（10，10）对分别猎兔（4，4）具有帕累托优势。两个猎人的收益由原来的（4，4）变成（10，10），因此我们称他们的境况得到了帕累托改善。作为定义，帕累托改善是指各方的境况都不受损害的改善，是各方都认同的改善。

猎鹿博弈的模型是从双方平均分配猎物的立场考虑问题，即两个猎人的能力和贡献是相等的。可是，实际情况要复杂得多。如果两个猎人的能力并不相等，而是一个强一个弱，那么分配的结果就可能是（15，5）或者（14，6）。但无论如何，那个能力较差的猎人的收益至少比他独自打猎的收益要多，如果不是这样，他就没有必要和别人合作了。

如果合作的结果是（17，3）或者（18，2），相对于两个猎人分别猎兔的（4，4）就没有帕累托优势。这是因为2和3都比4要小，在这种情况下，猎人乙的利益受到了损害。所以，我们不能把这种情况看作得到了帕累托改善。

目前，像跨国汽车公司合作这种企业之间强强联合的发展战略成为世界普遍流行的模式，这种模式就接近于猎鹿模型的帕累托改善。这种强强联合的模式可以为企业带来诸多好处，比如资金优势、技术优势，这些优势能够使得它们在日益激烈的竞争环境中处于领先地位。

猎鹿博弈模型是以猎人双方平均分配猎物为前提的，所以前面我们对猎鹿模型的讨论，只停留在整体利益最大化方面，但却忽略了利益的分配问题。

帕累托效率在利益的分配问题上体现得十分明显。

我们假设两人猎人的狩猎水平并不相同，而是猎人甲要高于猎人乙，但猎乙的身份却比猎人甲要高贵得多，拥有分配猎物的权力。那样，又会出现什么局面呢？不难猜出，猎人乙一定不会和猎人甲平均分配猎物，而是分给猎人甲一小部分，可能只是 3 天的梅花鹿肉，而猎人乙则会得到 17 天的梅花鹿肉。

在这种情况下，虽然两个猎人的合作使得整体效率得到提高，但却不是帕累托改善，因为整体效率的提高并没有给猎人甲带来好处，反而还损害了他的利益。（3，17）确实比（4，4）的总体效益要高，但是对于其中一方来说，个体利益并没有随之增加，反而是减少。我们再大胆假设一下，猎人乙凭借手中的特权逼迫猎人甲与他合作，猎人甲虽然表面同意，但在他心里一定会有诸多抱怨，因此当他们一起合作时，整体效率就会大打折扣。

如果我们把狩猎者的范围扩大，变成多人狩猎博弈，根据分配，他们可以被分成既得利益集团与弱势群体，这就像前几年我国出现的一些社会现象。

在 90 年代中期以前，我国改革的进程一直是一种帕累托改善的过程。但是，由于受到各种复杂的不确定因素的影响，贫富之间的差距逐渐被拉大，帕累托改善的过程受到干扰。如果任由这种情况继续下去，那么社会稳定和改革深化都会受到严峻的挑战。在危急时刻，国家和政府把注意力集中到弱势群体的生存状态上来，及时地提出建设和谐社会的目标，把改革拉回到健康的发展轨道之中。

如果我们用帕累托效率来看社会公德建设问题，我们就会发现一些值得深思的问题。

在一般人看来，做好事属于道德问题，不应该要求回报。但是经济学家并不这样认为。他们的观点是，做好事是促进人群福利的行为（经济学称之为"有效率"的行为），这种行为必须受到鼓励。而且，只有对做好事的人进行鼓励才能促进社会福利的提高。从人的本性来看，最好的鼓励方式就是给予报酬。

可能有些人难以接受，甚至完全反对这种观点，其实孔老夫子早在两千年前就提出过这个问题。

春秋时期，鲁国有一条法律规定，如果鲁国人到其他国家去，发现自己的同胞沦为奴隶，那么他可以花钱把自己的同胞赎回来，归国之后去国库报销赎人所花的钱。孔子的徒弟子贡因为机缘巧合，赎回来一个鲁国人，但因为他经常听老师讲"仁义"，认为如果去国库领钱就违背了老师的教诲，所以就没有去国库领钱。孔子闻知此事后，面有愠色地对子贡说："子贡，你为什么不会领补偿？我知道你追求仁义，也不缺这点钱，但是你知道你的做法会带来什么样的后果吗？别人知道你自己掏钱救人后，都会赞扬你品德高尚，但今后有人在别的国家看见自己的同胞沦落为奴隶，他该怎么去做呢？他可能会想，我是垫钱还是不垫？如果垫钱赎人，回国后又去不去国库报销？如果不去报销，自己的钱岂不是打了水漂；如果去报销，那别人岂不是讥笑自己是品德不够高尚的小人。这些问题会让本来打算解救自己同胞的人束手不管的，如此一来，那些在别的国家沦落为奴隶需要解救的人岂不是因为你的高尚品德而遭殃了？"子贡听后觉得孔子的话很有道理，于是去国库把属于自己的钱领了回来。

从这件事情可以看出，孔子虽然讲"仁义"，但并未拘泥于"仁义"，而是从社会的角度考虑做事的方法和原则。他认为，如果德行善举得不到报偿，那么大多数人就不会去行善，只有少数有钱的人才会把行善当成一种做不做两可的事情，因此行善就不会成为一种风气、一种社会公德。善举得到回报会激励更多的人去做好事，将会使更多的人得到别人的帮助。如果一个国家的人都这么做，那么这个国家的生存环境将会得到明显的改善。

从博弈论的角度来说，做好事得到回报才是帕累托效率最优，对行善者和社会大众来说才是最佳选择，社会福利才能得到最大的改善。这正是经济学家们坚持做好事要有回报的观点的来源。

第3节 夏普里值方法

博弈论的奠基人之一夏普里在研究非策略多人合作的利益分配问题方面有着很高的造诣。他创作的夏普里值法对解决合作利益分配问题有很大的帮助，是一种既合理又科学的分配方式。与一般方法相比，夏普里值方法更能体现合作各方对联盟的贡献。自从问世以来，夏普里值方法在社会生活的很多方面都得到了运用，像费用分摊、损益分摊那种比较难以解决的问题都可以通过夏普里值方法来解决。

夏普里值方法以每个局中人对联盟的边际贡献大小来分配联盟的总收益，它的目标是构造一种综合考虑冲突各方要求的折中的效用分配方案，从而保证分配的公平性。

用夏普里值方法解决合作利益分配问题时，需要满足以下两个条件：第一，局中人之间地位平等；第二，所有局中人所得到的利益之和是联盟的总财富。

下面让我们用一个小故事来加深对夏普里值法的理解。

在一个周末，凯文与保罗一起到郊外游玩。他们两个人都带了午餐，打算在中午休息时享用。玩了一个上午，他们把各自的午餐拿出来，准备大快朵颐。但他们发现，两个人所带的都是比萨饼，只是数量不同而已。凯文带了5块，而保罗只带了3块。正当他们拿起比萨准备大吃的时候，有一个像他们一样出来游玩的人凑了过来，原来他没有带食物，而且附近又实在找不到饭馆，他看到凯文和保罗所带的食物比较多，就想和他们一起吃。凯文和保罗都是好心人，他们了解情况后就很痛快地答应那个人和他们一起享用比萨。因为饥饿的缘故，8块比萨很快被他们3个人一扫而光。那个游人为了表示自己的谢意，临走之前特意给了凯文和保罗8枚金币。

凯文和保罗虽然是非常好的朋友，但是8枚金光闪闪的金币就让他们的友情变成了笑话。在金钱面前，他们都表现得相当自私，谁也没有顾及友情。他们互不相让，凯文认为自己带了5块比萨，而保罗只带了3块，按照比例来分，保罗只能得到3枚金币，而自己应该得到5枚金币。保罗认为凯文的分配方法有问题，他觉得比萨是两个人带来的，所以8枚金币也应该由两个人平分才对。他们两个人各执己见，吵了很长时间也没吵出个结果。最后，凯文提议去找夏普里帮忙解决这个问题，保罗听后欣然同意了。

在听过两个小家伙的叙述后，夏普里摸了摸保罗的头，用温和的语气对他说道："你得到3个金币已经占了很大的便宜，你应该高高兴兴地接受才对。如果你一定要追求公平的话，那你应该只得到一个金币才对。你的朋友凯文应该得到7个金币而不是5个。"保罗听后十分不解地看着夏普里，他想：这是怎么回事啊？我的做法有什么错吗？难道夏普里是有意要偏袒凯文不成？

夏普里看出了保罗的困惑，就十分耐心地说："孩子，我知道你在想什么，但是请你相信我，让我来给你分析一下你就会明白了。首先，我们必须明白，公平的分配并不能和平均分配画等号，公平分配一个重要标准就是当事人所得到的与他所付出的成一定比例。你们3个人一共吃了8块比萨，8块之中有你3块，有凯文5块。你们每个人都吃了8块比萨之中的1/3，也就是8/3块比萨。在那个游人所吃的8/3块中，凯文带的比萨为 5 - 8/3 = 7/3，而你带的比萨为 3 - 8/3 = 1/3。这个比例显示，在游人所吃的比萨中，凯文的是你的7倍。他留下来8枚金币，凯文得到的金币也应该是你的7倍，也就是说，凯文应该得到7枚金币，而你只能得到1枚。这才是公平合理的分配方法。你觉得我说的对不对？"

保罗听到后仔细地想了一会儿，他觉得夏普里的分析很有道理，于是就接受了夏普里的分配方法，自己只拿了1枚金币，而剩下的7枚都给了凯文。

这个故事里所讲的夏普里对金币的公平分配法就是我们在前面提到过的夏普里方法，它的核心是付出与收益成比例。

下面再让我们看一个7人分粥的故事。

有一个老板长期雇用7个工人为其打工，这7个工人因为长时间生活在一起，所以就形成了一个共同生活的小团体。在这个小团体里，7个人的地位都是平等的，他们住在同一个工棚里面，干同样的活，吃同一锅粥。他们在一起表面看起来非常和谐，但其实并非如此。比如在一锅粥的分配问题上他们就会闹矛盾：因为他们7

个人的地位是平等的，所以大家都要求平均分配，可是，每个人都有私心，都希望自己能够多分一些。因为没有称量用具和刻度容器，所以他们经常会发生一些不愉快的事情。为了解决这个问题，他们试图采取非暴力的方式，通过制定一个合理的制度来解决这个问题。

他们7个人充分发挥自己的聪明才智，试验了几个不同的方法。总的来看，在这个博弈过程中，主要有下列几种方法：

第一种方法：7个人每人一天轮流分粥。我们在前面讲过，自私是人的本性，这一制度就是专门针对自私而设立的。这个制度承认了每个人为自己多分粥的权力，同时也给予了每个人为自己多分粥的平等机会。这种制度虽然很平等，但是结果却并不如人意，他们每个人在自己主持分粥的那天可以给自己多分很多粥，有时造成了严重的浪费，而别人有时候因为所分的粥太少不得不忍饥挨饿。久而久之，这种现象越来越严重，大家也不再顾忌彼此之间的感情，当自己分粥那天，就选择加倍报复别人。

第二种方法：随意由一个人负责给大家分粥。但这种方法也有很多弊端，比如那个人总是给自己分很多粥。大家觉得那个人过于自私，于是就换另一个人试试。结果新换的人仍旧像前一个人一样，给自己分很多粥。再换一个人，结果仍是如此。因为分粥能够享受到特权，所以7个人相互钩心斗角，不择手段地想要得到分粥的特权，他们之间的感情变得越来越坏。

第三种方法：由7个人中德高望重的人来主持分粥。一开始，那个德高望重的人还能够以公平的方式给大家人粥，但是时间一久，那些和他关系亲密、喜欢拍他马屁的人得到的粥明显要比别人多一些。所以，这个方法很快也被大家给否定了。

第四种方法：在7个人中选出一个分粥委员会和一个监督委员会，形成监督和制约机制。这个方法最初显得非常好，基本上能够保障每个人都能够公平对待。但是之后又出现了一个新的问题，当粥做好之后，分粥委员会成员拿起勺子准备分粥时，监督委员会成员经常会提出各种不同的意见，在这种情况下，分粥委员会成员就会与其辩论，他们谁也不服从谁。这样的结果是，等到矛盾得到调解，分粥委员会成员可以分粥时，粥早就凉了。所以事实证明，这个方法也不是一个能够解决问题的好方法。

第五种方法：只要愿意，谁都可以主持分粥，但是有一个条件，分粥的那个人必须最后一个领粥。这个方法与第一种方法有些相似，但效果却非常好。他们7个人得到的粥几乎每次都一样多。这是因为分粥的人意识到，如果他不能使每个人得到的粥都相同，那么毫无疑问，得到最少的粥的那个人是他自己。这个方法之所以能够成功，就是利用了人的利己性达到利他的目的，从而做到了公平分配。

在这个故事中，有几个问题是我们不得不注意的。第一，在分配之前需要确定一个分配的公平标准。符合这个标准的分配就是公平的，否则便是不公平的。第二，要明确公平并不是平均。一个公平的分配是，各方之所得应与其付出成比例，是其应该所得的。

由"分粥"最终形成的制度安排中可以看出，靠制度来实现利己利他绝对的平衡是不可能的，但是一个良好的制度至少能够有效地抑制利己利他绝对的不平衡。

良好制度的形成是一个寻找整体目标与个体目标的"纳什均衡"的过程。在"分粥"这个故事中，规则的形成就是这一过程的集中体现。轮流分粥的这一互动之举使人们既认识到了个人利益，同时又关注着整体利益，并且找到了两者的结合点。另外，良好制度的形成也可以说是一个达成共识的过程。制度本质上是一种契约，必须建立在参与者广泛共识的基础之上，对自己不同意的规则，没有人会去积极履行。大家共同制定的契约往往更能增强大家遵守制度的自觉性。现实中许多制度形同虚设，主要原因就是在其制定的过程中，组织成员的意见和建议没有得到充分的尊重，而只是依靠管理者而定，缺乏共识。

良好的制度能够保障一个组织正常的运行，因为它能够产生一种约束力和规范力，在这种约束力和规范力面前，其成员的行为始终保持着有序、明确和高效的状态，从而保证了组织的正常运行。

第4节哈丁悲剧

在人类社会中，有一种现象始终存在着，我们称之为群体行动的悲剧。群体行动悲剧，顾名思义，与个人无关，是指群体在行动过程中所遭受的不可避免的集体性灾难。

为了能够更深刻地理解这一概念，我们首先要清楚什么是悲剧。著名哲学家怀特海在其著作《科学与近代世界》一书中对希腊戏剧做出解释时这样写道："悲剧的本质并不是不幸，而是事物无情活动的严肃性。但这种命运的必然性，只有通过人生中真实的不幸遭遇才能说明。因为只有通过这些剧情才能说明逃避是无用的。"

如怀特海在书中所写，群体行动的悲剧也是如此：它不是群体偶然性的不幸，而是一种必然性，这种悲剧每个人都能意识到，但却无法摆脱。

我们可以对群体悲剧这个词做这样的理解：它是群体遭受的难以抗拒的灾难，在一定程度上，它指群体受到一个无情法则的支配。社会的规律是造成这种悲剧的真正元凶。或许"规律"一词在这里显得有些过于严重，因为规律意味着与人的自由相对抗，人一点儿主观能动性也没有，但是人类的文化或文明正是抵抗不可抗拒的悲剧的有力武器。

在群体悲剧中，涉及一个公共资源悲剧的问题。这个问题是经济学中的经典问题，也是博弈论教科书中无法躲避的问题。为此，产生了一个著名的"哈丁悲剧"。这是因为公共资源悲剧的问题最初由福尼亚生物学家加勒特·哈丁在1968年《科学》杂志上发表的文章《公共策略》中提出来，因此便将其命名为"哈丁悲剧"。

哈丁在文章中讲了一个牧民与草地的故事。故事是这样的：有一片草地对牧民开放，牧民们在这片草地上靠养牛维持生活。每一个牧民都想多养一头牛，因为多养一头牛并不需要太多成本，而增加的收益却是非常可观的。虽然他们这样做可能会使草地的平均草量下降，整个牧区的牛的单位收益也会随之下降。但是，每个牧民都认为自己不过是增加了一头牛而已，相对于广袤的草原来说不算什么。但是如果每个牧民都这样想，都增加牛的数量，后果便是那片草地将会被过度放牧，从而导致不能够承受那么多头牛的食量，最终使得所有牧民的牛全部饿死。这就是公共资源的悲剧。

其实，资源只要是大家共有的，被滥用也在所难免。比如有一个湖，湖里的鱼量很丰富，并且每个人都可以随意捕捞。如果捕捞过度，这个湖就会失去它的再生功能，也就再也无法给人们提供一条鱼。可是从渔夫的角度来讲，使自己利益最大化的策略就是过度捕捞。就算是自己不过度捕捞，别的渔夫也会选择这么做。所以一个人选择少捕捞一点，情况丝毫不会有任何改善。因此，综合考虑之后，每个人都会选择过度捕捞，久而久之，这个湖中的鱼很快就会枯竭。如果所有的渔夫都少捕而不多捕，那么情况就不会那么严重，大家也可以相互得利。总之，渔夫注定会采取自私的做法，最后使每个人都身受其害。

"哈丁悲剧"在生态平衡问题中体现得最为明显。在上面的故事里，如果想让农场主、草地、牧牛三者和谐发展下去，就必须寻求一个平衡点。如果只顾眼前利益，对草地过度开发，久而久之势必会得不偿失。从合作博弈的角度分析来看，"哈丁悲剧"讲的就是一个利益公平点的问题。

哈丁还讨论了污染、人口爆炸、过度捕捞和不可再生资源的消耗等一系列问题，并在上述领域发现了同样的情形。因此，他指出，在共享公有物的社会中，每个人也就是所有人都追求各自利益的最大化。这就是悲剧发生的原因。每个人都被锁定在一个迫使他在有限范围内无节制地增加牲畜的制度中。人们这样做的结果必然是毁灭。因为在信奉公有物自由的社会里，每个人都在追求自己的最大利益。

我国的沙漠化问题就是哈丁悲剧的体现。土地荒漠化已经成为中国重大的生态问题。中国土地的荒漠化主要集中在内蒙古、新疆、黑龙江、宁夏等中国西北部省份。来自北面的风沙时常侵袭北京，以致北京的风沙一年比一年大。另外，河北境内的沙漠直逼北京，离北京最近的河北怀来县，两地仅相隔60公里！专家纷纷预测，如果不想出有效的办法治理沙漠化，那么过不了多长时间，北京将会重蹈消失的楼兰文明的覆辙，难逃被沙漠掩盖的命运。据中央电视台报道，2001 年新年第一天，北京市和银川市发生沙尘现象，沙尘像雾一样笼罩在这两个城市的上空，为我们敲响了生态的警钟。

有资料显示，牧区草原上的牲畜严重超载已成普遍现象，一般超载达到 50%~120%，某些地方甚至达到 300%！此外，有记录表明，20 世纪 50 年代至 70 年代中期，土地荒漠化年均扩大 1560 平方公里；而在 70 年代中期到 80 年代中期，年均扩大面积为 2100 平方公里。目前的扩大速度为每年 2460 平方公里。这个速度还在不断地增加之中。

造成荒漠化的原因是多方面的，其中最主要的是人类对土地资源的过度利用。在北方，近些年的降水量比较小，土地的生态系统逐渐变得脆弱，但人口的过度增长使得人们对粮食等的需求不断增大，人们对土地的索取便呈现出加速的趋势。于是，对土地的"滥垦""滥牧""滥伐""滥采"也不断加强，结果导致土地荒漠化。

这个悲剧的产生是由于在多个利益主体的博弈中，参与博弈的每一方都想使自己的利益最大化，结果就损害了大家的公有利益，进而也就损害了自己的利益。

哈丁认为对公共资源的悲剧有许多解决办法，我们既可以把它卖掉，使其变为私人财产，又可以作为公共财产保留下来，且准许进入，但这种准许是以多种方式来进行的。

哈丁说，这些意见有其合理之处，但并不一定是最佳解决办法。为此，他提出我们必须进行选择，否则我们就等于认同了公共地的毁灭，而那将会带来极其惨痛的代价，它们可能会从我们的世界里彻底消失。此外，哈丁还强调说，人口过度增长、公共草地、武器竞赛这样的困境还没有技术的解决途径，他所说的"技术解决途径"，是指仅在自然科学中的技术的变化，而很少要求或不要求人类价值或道德观念的转变。

防止公共资源悲剧的出现有两种办法：一种是从制度入手，建立中心化的权力机构，无论这种权力机构是公共的还是私人的——私人对公共地的拥有即处置便是在使用权力；二是道德约束，道德约束与非中心化的奖惩联系在一起。

经济学家们曾探讨过很多方案来解决公用地悲剧问题。确立产权就一度成为经济学家们最热衷的一个方案。这也是十五六世纪英国"圈地运动"中出现过的历史。当时土地被圈起来，变为当地贵族或地主的私有财产，为使租金收入达到最大化，减少对土地的使用，土地的主人可以收取放牧费。这个办法就像一只"看不见的手"，恰到好处地保护土地。这一举动使得整体经济效益得到了很大的改善，同时也改变了收入的分配。放牧费使得土地的主人更加富有，而牧人变得更加贫困，因此有人把这段历史称为"羊吃人"的历史。

但是，确立产权这一举措并不能适用于所有场合。比如控制带污染物的空气从一个国家飘向另一个国家就是一个难以解决的问题，而公海的产权也很难在缺少一个国际政府的前提下确定和执行。同样，酸雨问题也需要借助一个更加直接的控制才能处理，但是问题在于，建立一个必要的国际协议十分困难。此外，人口问题更加难以解决。因为对一个人的家庭的决定权已经由联合国人权公约和其他人权法案加以保护。

除了确立产权外，公共地还可以作为公共财产保留，但准许进入，这种准许可以以多种方式来进行。

如果集团的规模小到一定程度，自愿合作也就成为解决这个问题的一个不错的方法。比如有两家生产石油或天然气的公司，它们的油井钻到了同一片地下油田，两家公司都希望能够提高自己的开采速度、抢先夺取更大份额。如果这两家公司互不相让，过度地开采可能使它们从这片油田收获的石油或天然气的数量降低。因此，钻探者并没有这么做，而是达成一个分享产量的协议，这就使得两家公司从那片油田开采出来的石油或天然气总数量保持在一个适当的水平。

印第安纳大学政治科学家埃莉诺·奥斯特罗姆对解决哈丁悲剧做出了不懈的努力与尝试。她和她的拍档以及学生们进行了一系列令人印象深刻的研究，试图从整体利益角度出发，使公共财产资源得到有效的利用和适当的保护，避免资源的过度开发。他们的研究得到了达成合作的某些前提条件。这些前提条件有以下5个方面：

第一，必须将博弈参与者群体中的每一个人（那些拥有资源使用权的人）用清晰的规则界定出来。界定的标准可以是地域或住所，也可以是种族或者技能，但一般以地域或住所为主。此外，成员的资格可以通过拍卖或支付报名费的方式获得。

第二，必须制定清晰的规则，明确规定允许和禁止的行为。这些规则包括对地点、使用时间、技术以及资源量或份额的限制。

第三，必须制定一个各方都了解的惩罚机制，对违反上述规则的行为进行严厉的惩处。它既可以是详细的书面准则，也可以是稳定社区中的分享准则。对违反规则的人，可以实施口头警告、社会排斥、罚款、剥夺未来权利，以及在极端情况下的监禁等各种方式的制裁。如果有些行为是第一次发生并且不严重，那么处理方法也要灵活多变，一般只是与违规者直接面谈，要求其解决问题。而且对第一次或第二次的违规行为，罚款也会比较低，只有在违规行为一而再再而三地发生，或者变本加厉时，惩罚才会升级。

第四，建立一个预防欺骗的有效机制。在参与者日常生活过程中建立自动侦查机制是最好的办法。比如说，规定必须以集体的形式从森林以及类似的公有地区收割，这个规定有利于大家共同监督，免去了雇人看护的麻烦。此外，必须按照可行的侦查手段来设计规定什么是允许行为的规则。比如，渔民的捕捞量一般不好精确监督，就算是善意的渔民也很可能因控制不好捕捞量而违规。因此，规则最好少涉及一些捕捞数量配额。当数量更容易精确地观测时，数量配额规则就能更好地发挥作用。

第五，上面提到的几项规则和执行机制设计好以后，具有前瞻眼光的使用者可以轻松获得的信息就显得特别重要。虽然事后欺骗是每个人都有的动机，但是先验利益迫使他们去设计一个优良的制度。他们可以凭借自身经验，事先察觉出各种违规行为的可行性，以及在集体中实施各种制裁的可信度。事实证明，集中式和自上而下的管理模式并不能很好地解决问题，反而会让此类事情大量出错，不能充分发挥作用。

虽然奥斯特罗姆和她的拍档认为人们可以利用局部信息及规范机制，找到许多集体行动的解决方法，但是他们的研究并没有给予他们足够的信心，所以奥斯特罗姆才会说道："困境永远不会彻底消失，即使在最佳的运作机制中，监督和制裁无论怎样也不能将诱惑降低至零。不要只想着如何克服或征服公共悲剧，有效的管理机制比什么都管用。"

第七章
枪手博弈

第 1 节 谁能活下来?

在博弈论的众多模式中,有一个模式可以被简单概括为"实力最强,死得最快"。这就是"枪手博弈"。该博弈的场景是这样设定的:

有三个枪手,分别是甲、乙、丙。三人积怨已久,彼此水火不容。某天,三人碰巧一起出现在同一个地方。三人在看到其他两人的同时,都立刻拔出了腰上的手枪。眼看三人之间就要发生一场关乎生死的决斗。

当然,枪手的枪法因人而异,有人是神枪手,有人枪法特差。这三人的枪法水平同样存在差距。其中,丙的枪法最烂,只有 40% 的命中率;乙的枪法中等,有 60% 的命中率;甲的命中率为 80%,是三人中枪法最好的。

接下来,为了便于分析,我们需要像裁判那样为三人的决定设定一些条件。假定三人不能连射,一次只能发射一颗子弹,那么三人同时开枪的话,谁最有可能活下来呢?

在这一场三人参与的博弈中,决定博弈结果的因素很多,枪手的枪法、所采用的策略,这些都会对博弈结果产生影响,更何况这是一个由三方同时参与的博弈。所以，不必妄加猜测，让我们来看看具体分析的情况。

在博弈中，博弈者必定会根据对自己最有利的方式来制定博弈策略。那么，在这场枪手之间的对决中，对于每一个枪手而言，最佳策略就是除掉对自己威胁最大的那名枪手。

对于枪手甲来说，自己的枪法最好，那么，枪法中等的枪手乙就是自己的最大威胁。解决乙后，再解决丙就是小菜一碟。

对于枪手乙来说，与枪手丙相比，枪手甲对自己的威胁自然是最大的。所以，枪手乙会把自己的枪口首先对准枪手甲。

再来看枪手丙，他的想法和枪手乙一样。毕竟，与枪手甲相比，枪手乙的枪法要差一些。除掉枪手甲后，再对准枪手乙，自己活下来的几率总会大一些。所以，丙也会率先向枪手甲开枪。

这样一来，三个枪手在这一轮的决斗中的开枪情况就是：枪手甲向枪手乙射击，枪手乙和枪手丙分别向枪手甲射击。

按照几率公式来计算的话，三名枪手的存活几率分别是：

甲 $=1-p$（乙$+$丙）$=1-[p$（乙）$+p$（丙）$-p$（乙）p（丙）$]$ $=0.24$

乙 $=1-p=$ 甲 $=0.2$

丙 $=1-0=1$

也就是说，在这轮决斗中，枪手甲的存活率是0.24，也就是24%。枪手乙的存活率是0.2，即20%。枪手丙因为没有人把枪口对准他，所以他的存活率最高，是1，即100%。

我们知道，人的反应有快有慢。假设三个枪手不是同时开枪的话，那么情况会出现怎样的变化呢？

同样还是每人一次只能发射一颗子弹，假定三个枪手轮流开枪，那么在开枪顺序上就会出现三种情况：

（1）枪手甲先开枪。按照上面每个枪手的最优策略，第一个开枪的甲必定把枪口对准乙。根据甲的枪法，会出现两个结果，一是乙被甲打死，接下来就由丙开枪。丙会对着甲开枪，甲的存活率是60%，丙的存活率依然是100%。另一种可能是乙活了下来，接下来是由乙开枪，那么甲依旧是乙的目标。无论甲是否被乙杀死，接下来开枪的是丙。丙的存活率依然是100%。

（2）枪手乙先开枪。和第一种情况几乎一样，枪手丙的存活率依然是最高的。

（3）枪手丙先开枪。枪手丙可以根据具体情况稍稍改变自己的策略，选择随便开一枪。这样下一个开枪的是枪手甲，他会向枪手乙开枪。这样一来，枪手丙就可以仍然保持较高的存活率。如果枪手丙依然按原先制定的策略，向枪手甲射击，就是一种冒险行为。因为如果没有杀死甲，枪手甲会继续向枪手乙开枪。如果杀死了枪手甲，那么接下来的枪手乙就会把枪口对准枪手丙。此时，丙的存活率只有40%，乙便成了存活率最高的那名枪手。

在现实生活中，最能体现枪手博弈的就是赤壁之战。当时，魏、蜀、吴三方势力基本已经形成。三方势力就相当于三个枪手。其中，曹操为首的魏国实力最强，相当于是枪手甲。孙权已经占据了江东，相当于实力稍弱的枪手乙。暂居荆州的刘备实力最弱，相当于枪手丙。当时，曹操正在北方征战，无暇南顾，三家相安无事。

208年，曹操统一了北方后，决定南征。关系三家命运的决战就此开始。对于曹操来说，东吴孙权的实力较强，对自己的威胁最大，自然要先对东吴下手。于是，曹操在接受了投降自己的荆州水军后，率大军向东，直扑东吴而来。

此时，对于被曹操追得无处安身的刘备来说，最佳的策略就是与东吴联手，才能有一线存活的希望。曹操在实力上强于孙权，如果孙权战败，下一个遭殃的就是自己。如果孙权侥幸获胜，灭掉了曹操，那么待东吴休养生息后，必定要拿自己开刀。所以，诸葛亮亲自前往江东，舌战群儒，让两家顺利结盟。一旦孙刘两家结成联盟，东吴意识到自己不拼死一战，就可能再无存身之所，自然积极备战，在赤壁之战中承担了主要的战争风险。而刘备也借此暂时获得了休养生息的机会，为日后入主四川积蓄了力量。

历史上与此相似的情形有很多，在国共联合抗日之前，侵华的日本军队、国民党军队和共产党领导的红军，三者之间也是枪手博弈的情况。

其实，枪手博弈是一个应用极为广泛的多人博弈模式。它不仅被应用于军事、政治、商业等方面，就连我们日常生活中也可以看到枪手博弈的影子。通过这个博弈模式，我们可以深刻地领悟到，在关系复杂的博弈中，比实力更重要的是如何利用博弈者之间的复杂关系，制定适合自己的策略。只要策略得当，即使是实力最弱的博弈者也能成为最终的胜利者。

第 2 节 另一种枪手博弈

在枪手博弈这个模型中，仅就存活率而言，枪法最差的丙的存活率最高，枪手乙次之，枪法最好的甲的存活率最低。那么，我们重新设定一下三名枪手的命中率，看看会出现怎样的结果。

假设仍然是三名枪手，甲是百发百中的神枪手，命中率100%；乙的命中率是80%，丙的命中率是40%。枪手对决的规则不变，依然是只有一发子弹。每个枪手自然会把对自己威胁最高的人作为目标。那么甲的枪口对准乙，而乙和丙的枪口必定对准甲，没有人把枪口对准丙。

按照之前换算存活率的公式计算，会得出这样的结果：

甲的存活率 =20%×60%=12%

乙的存活率 =100% - 100%=0

丙的存活率 =100%

我们只是稍稍提高了甲和乙的命中率，结果就出现了一些变化。实力最差的丙依然具有最高的存活率，这一点没有变。存活率最低的枪手却由甲变成了乙。可见，枪手对决的条件一旦发生细微的变化就有可能导致不同的博弈结果。也就是说，在特定的规则下，枪手博弈也会以另一种形式展现出来。美国的著名政治学家斯蒂文·勃拉姆斯教授就在他的课堂上向我们展示了另一种形式的枪手博弈。

勃拉姆斯教授在美国纽约大学的政治学系任教。他在为该系研究生授课的时候，开设了一门名叫"政治科学中的形式化模拟方法"的课程。

他在课堂上挑选了3个学生，要求他们参加一个小游戏。他告诉参加游戏的3名学生，他们每个人扮演的角色都是一个百发百中的神枪手。自己是仲裁者。现在，3个枪手要在仲裁者的指导下进行多回合的较量。

第一回合：

仲裁者规定每个枪手只有一支枪和一颗子弹。这场较量获胜的条件有两个：第一，你自己要活着。第二，尽可能让活着的人数最少。

在给出这样的条件后，勃拉姆斯教授提出的问题是：当仲裁者宣布开始后，枪手要不要开枪？

针对这种决斗条件，对于3个枪手的任何一个来说，都有4种结果：自己活着，另外两个死了；死了一个枪手，自己和另一个枪手活着；另两个枪手活着，自己死了；3个人都死了。对参加决斗的任何一个枪手而言，"自己活着，别人都死了"无疑是最好的结果。当然，最差的结果就是"自己死了，别人还活着"。

那么，参加游戏的3个学生选择的答案是怎样的呢？答案是，当仲裁者一声令下后，3个学生都选择了开枪，而且开枪的目标都是另外两人中的一个。

勃拉姆斯教授对此的评价是：3个人做出的选择都是理性的选择，而且对于每个枪手来说，都是最优策略。因为根据这个回合的较量规则来说，枪手的性命并没有掌握在自己手中，而是取决于另外两人。从概率的角度来说，如果选择开枪，将另外两人中的一个作为对象的话，那么，所有人中枪的几率差不多都是均等的。但是，如果选择不开枪，那么就等于自己存活的几率降低，另外两人存活的几率上升。

第二回合：

依然是这3个枪手。不过，其中一个枪手被允许率先开枪。目标随意，可以选择另外两个枪手，也可以选择放空枪。

勃拉姆斯教授让其中一个学生做出选择。这名学生的答案是：放空枪。

对于这名学生的选择，勃拉姆斯教授认为是非常理性的选择。他这样解释自己的观点，当一名枪手可以率先开枪，就会出现两种选择：

（1）放空枪。

这种选择的结果是，另外两名枪手都将把枪指向对方。因为一名枪手只有一枚子弹。当这名枪手选择了放空枪后，他对于另外两名枪手就不再具有威胁性。这样一来，对于另外两名枪手而言，两人互成威胁。所以，必然会把枪口指向对方。

当然，两人也有可能因为意识到一点。这么做的结果是两人自相残杀，双双死亡，反而让放空枪的枪独自存活。于是，两人可能达成一种共识，都把自己的这发子弹射向放空枪的枪手，两人共存。

不过，对于这两名枪手来说，毕竟放空枪的枪手已经毫无威胁，而真正对自己构成威胁的是另一名枪手。一旦对方把子弹射向放空枪的枪手，自己的最优策略就是向对方开枪。于是，新的问题又出现了。假如两人都这么想的话，那么两人之前所达成的共识便会就此打破，然后进入自相残杀状态，陷入循环。

（2）选择其余任何一个人作为自己射击的目标。

这种选择的结果是，两名枪手死亡，一名枪手独活。

只要他开枪，被选作射击目标的那名枪手就会死亡。不过，一旦他射出了自己仅有的子弹后，剩下的那名枪手就会毫不犹豫地把枪口对准他。最终，他在杀死别人后，也会被剩余的那名枪手杀死。

所以，勃拉姆斯教授得出的结论是："一个理性的枪手在规则允许的条件下，会选择放空枪。"

勃拉姆斯教授所演示的枪手博弈应当说是对枪手模式的一种延

展。其实，无论是以何种形式出现，枪手博弈所揭示的内容都是：决定博弈结果的不是单个博弈者的实力，而是各方博弈者的策略。

第 3 节 当你拥有优势策略

从某种程度上来说，枪手博弈可以说是一个策略博弈。因为这种博弈的结果与博弈者的实力没有非常直接的关系，反而与博弈者所采取的策略会直接影响到博弈的结果。

在博弈论中有一个概念，英文写作 "Dominantstrategy"，即优势策略。那么，什么是优势策略呢？在博弈中，对于某一个博弈者来说，无论其他博弈者采用何种策略，有一个策略始终都是最佳策略，那么，这个策略就是优势策略。简单来说，就是 "某些时候它胜于其他策略，且任何时候都不会比其他策略差"。

举一个简单的例子。假如你是一个篮球运动员，当你运球进攻来到对方半场的时候，遭遇了对方后卫的拦截。你的队友紧跟在你的后面，准备接应。于是，你和队友一起与对方的后卫就形成了二对一的阵势。此时，你有两种解决方法。一是与对方后卫单打独斗，带球过人。二是与队友相互配合，进行传球。

那么，这两种做法就是可供你选择的策略。先看第一种，与对方后卫单对单，假如你运球和过人的进攻技术比对方的防守技术要好，那么，你就能赢过对方。假如对方的防守技术比较厉害，那么就有可能从你手中将球断掉。如果从这个角度来说，这个策略的成功几率只有 50%。

再看第二种，你和队友形成配合。很显然，你和队友在人数上已经压倒了对方，而且两人配合变化频繁。采用这个策略，就会使你突破对方的防守获得很高的成功率。而且，无论对方做出怎样的举动，都无法超越这个策略所达到的效果。所以，"把球传给队友，形成配合"就是你的优势策略。

不过，关于优势决策需要强调一点："优势策略"中的"优势"意思是对于博弈者来说，"该策略对博弈者的其他策略占有优势，而不仅是对博弈者的对手的策略占有优势。无论对手采用什么策略，某个参与者如果采用优势策略，就能使自己获得比采用任何其他策略更好的结果"。

下面，我们以经典案例，《时代》与《新闻周刊》的竞争为例，来对"优势策略"的上述情况进行说明。

《时代》和《新闻周刊》都是一周一期的杂志。作为比较知名的杂志，这两家杂志社都有固定的消费者。不过，为了吸引通过报摊购买杂志的那些消费者。每一期杂志出版前，杂志社的编辑们都要挑选一件发生在本周内，比较重要的新闻事件作为杂志的封面故事。

这一周发生了两件大的新闻事件：第一件是预算问题，众参两院因为这个问题争论不休，差点儿大打出手。第二件是医学界宣布说研制出了一种特效药，对治疗艾滋病具有一定的疗效。

很显然，这两条新闻对公众而言，都非常具有吸引力。那么，这两条大新闻就是封面故事的备选。此时，两家杂志社的编辑考虑的问题是，哪一条新闻对消费者的吸引力最大，最能引起报摊消费者的注意力。

假定所有报摊消费者都对两本杂志的封面故事感兴趣，并且会因为自己感兴趣的封面故事而购买杂志。那么，会存在两种情况：

第一种，两家杂志社分别采用不同的新闻作为封面故事。那么，报摊上的杂志消费者就可以被分为两部分，一部分购买《时代》，另一部分购买《新闻周刊》。其中，被预算问题吸引的消费者占35%，被艾滋病特效药吸引的占65%。

第二种，两家杂志社的封面故事采用了同一条新闻。那么，报摊上的杂志消费者会被平分为两部分，购买《时代》和《新闻周刊》的消费者各占50%。

在这种情况下，《新闻周刊》的编辑就会做出如下的推理：

（1）如果《时代》采用艾滋病新药做封面故事，而自家的封面故事采用预算问题，那么，就可以因此而得到所有关注预算问题的读者群体，即35%。

（2）如果两家的封面故事都是治疗艾滋病的新药，那么，两家共享关注艾滋病新药的读者群体，即32.5%。

（3）如果《时代》采用预算问题，而自家选用艾滋病新药，那么，就可以独享关注艾滋病新药的读者，即65%。

（4）如果两家都以预算问题为封面故事，那么，共享关注预算的读者群，即12.5%。

在上述分析的4种结果中，如果仅从最后的数据来看，第三种情况给《新闻周刊》带来的利益更大。但是，《新闻周刊》的编辑不知晓《时代》的具体做法。这就存在两家选用同一封面故事的可能。如果《新闻周刊》选用艾滋病新药的消息后，一旦《时代》也选用同样的新闻，那么《新闻周刊》可以获得的利益就由65%降至32.5%。所以，对于《新闻周刊》来说，无论《时代》选择两条新闻中的哪一条作为自己的封面故事，艾滋病新药这条新闻都是《新闻周刊》最有利的选择。所以，《新闻周刊》的优势策略就是第二种方案。

根据这些分析，我们可以得出这样的结论：当博弈情况比较复杂的时候，每个博弈者都会拥有不止一个策略，会出现几个可供选择的策略。那么，博弈的参与者就可以从中挑选出一个无论在任何情况下都对自己最有利的策略，这个策略就是该博弈者的优势策略。

在上述案例中，当《新闻周刊》的编辑在分析自己应当采取的策略时，《时代》的编辑也在做同样的事情。其实，双方都很清楚对方此时的行动。也就是说，两家对封面故事的分析和选定几乎是在同步进行。而且，由于商业保密的原则，双方都无法确定对方的具体决策。于是，无论是《新闻周刊》还是《时代》都是在完全不知道对方选择的情况下做出的决定。

《新闻周刊》和《时代》的这种博弈情况就是一种博弈者同时行动的博弈。由于博弈者在决定自己要采取的决策前无法得知对方将要采取的决策，所以，博弈者之间无法进行互动，自然也就无法通过推理来获得有效的信息。例如，在上面的案例中，《新闻周刊》的编辑可以假设自己是《时代》的编辑，然后对《时代》可能采取的策略进行分析。同样的，《时代》的编辑也会采取角色替换，来分析《新闻周刊》的策略。于是，这样就形成了一种可以无休止继续下去的循环。

那么，如何破解这个循环呢？

对于《新闻周刊》来说，采用艾滋病新药作为封面故事是自己的优势策略。同样，如果《时代》的编辑依照自己的角度出发，也会做出一模一样的分析。于是，《时代》也会拥有一个优势策略。既然博弈双方都具有优势策略，那么只要每个博弈者都采取自己的优势策略，这种永无休止的循环就被打破了。

这样看来，假如一场博弈中的所有博弈者都拥有各自的优势策略，那么这场博弈可以称得上是一种最为简单的博弈。因为优势策略的存在，博弈者不会再采取其他的策略，必定直接采用优势策略。如此一来，这场博弈的结果就是可以预测的。

由此，我们可以得出一个结论，当博弈者拥有一个优势决策时，不必顾忌自己的对手，应当直接应用。

当然，这种博弈者都拥有各自优势策略的情况并非常态。在博弈中也会存在只有某一个博弈者的决策优于其他博弈者决策的情况。那么，在这种博弈情况下，博弈者应该采取怎样的行动呢？

仍然以《新闻周刊》和《时代》之间的竞争为例。在案例原有的条件基础上，再设定两个条件：条件一，两家杂志的封面故事选择了同一条新闻。条件二，报摊消费者比较喜欢《新闻周刊》的制作风格。

在第一个假定条件的作用下，我们根据上面的分析，可以得知两家的最优决策依然是选择艾滋病新药，两家各分得 32.5% 的消费者，实现共赢。不过，加上第二个假设条件后，《新闻周刊》和《时代》之间的博弈情况就发生了变化，两家杂志在选用同样封面故事的时候，在对占有消费者的份额上出现了差别。

假设选择购买《新闻周刊》的消费者是消费全体的 60%，购买《时代》的消费者是 40%。那么，选用艾滋病新药作为封面故事就不再是《时代》杂志的优势策略了。对于《时代》来说，自己此时的优势策略则是选择预算问题作为封面故事。

在这种情况下，博弈双方的优势策略就不再与对方无关，而是要根据对方的优势策略来制定自己的优势策略。

就像上文所述，选择艾滋病新药依然是《新闻周刊》的优势策略。那么，《新闻周刊》的编辑们必定会以这条消息作为封面。与此同时，《时代》的编辑们通过分析，可以确定《新闻周刊》的具体选择。于是，《时代》就可以根据这一分析结果，结合自己的实际情况，选择预算问题作为封面故事，为自己赢得关注预算问题的消费者。

此时，《新闻周刊》和《时代》之间的博弈就不再是同步博弈，而是转变成了博弈者相继出招的博弈。由于博弈者之间的情况已经发生了变化，所以博弈者此时就要非常慎重，要结合当时博弈的具体情况，重新评估自己的优势策略。

假如自己已经知晓了对方采用的策略，那么根据对方可能会采取的策略，所制定出的具有针对性的应对策略就是你的优势策略。

409 年，刘裕率军北伐南燕。

410 年，广州刺史卢循联合自己的姐夫永嘉太守徐道覆，起兵叛乱。打算趁着此时建康城内兵力空虚，北征东晋。

卢循带军翻越五岭，朝江陵进发。徐道覆则领兵直奔庐陵和豫章。同年五月，两军在始兴会合后分成东西二路，进入湘州与江州诸郡，一路势如破竹，直逼兵力不过数千的建康。

刘裕闻讯自北伐前线急返京师，部署防卫。此时，卢循和徐道覆在进军趋向上发生争执。徐道覆建议从新亭进军白石，然后烧掉战船登陆，分几路进攻刘裕。卢循打算采取尽可能保险的策略。结果卢循的北伐军陈兵建康城下三个月，无所作为。不仅丧失有利战机，而且大大削弱了军队战斗力。

而刘裕刚好借此机会调动各路军队转移集中，砍伐树木在石头城和秦淮河口等地全部立起栅栏。同时命人尽快整修越城，兴筑查浦、药园、廷尉三座堡垒，派兵在那里把守。

结果，卢循兵临建康近两月，兵疲粮乏，被迫于七月初退还寻阳，最后兵败投水自杀。

其实，卢循原本可以战胜刘裕，不必落得如此凄惨的下场。当时，卢循的军队一路北上，非常顺利，士气正足。对于卢循来说，"一鼓作气攻下建康"就是他的优势策略。所以，他完全可以不顾刘裕的应对情况，直接攻城。但是，他太过于在乎对方的应对策略，由此失掉了自己的胜利。

对于刘裕来说，东晋大军还在北方作战，自己匆忙返回建康。他当时的最优策略就是严防死守，等待大军的回防。当发现卢循没有立即进攻建康后，他便开始调整自己的策略，调动军队、修筑工事，逐渐占据了优势。

所以说，如果博弈者拥有一个优势策略的时候，应当直接应用，不必顾忌自己的对手。如果某一个博弈者拥有的优势策略优于其他博弈者的优势策略，也就是说，只有一方占有优势的话，那么另一方的优势策略就是根据对方的策略制定属于自己的最优策略。

第4节 出击时机的选择

通过枪手博弈，我们了解到在关系复杂的博弈中，博弈者采用的策略将会直接影响博弈的结果。所以，枪手博弈可以看作一种策略博弈。

对于策略博弈来说，最显著的特点就是博弈的情况会根据博弈者采取的策略而发生变化。博弈者为了获得最终的胜利，彼此之间会出现策略的互动行为。这就导致博弈者所采用的策略与策略之间，彼此相互关联，形成"相互影响、相互依存"的情况。

在通常情况下，这种策略博弈有两种形式。一种是"simultaneous-movegame"，即同时行动博弈。在这种博弈中，博弈者往往会根据各自的策略同时采取行动。因为博弈者是同时出招，博弈者彼此之间并不清楚对方会采用何种策略。所以，这种博弈也被称作一次性博弈。

很多人都读过美国作家欧·亨利的短篇小说《麦琪的礼物》。故事讲述了一对穷困潦倒的小夫妻之间相互尊重、相互关心的爱情故事。

这对新婚不久的小夫妻虽然过着比较清苦的生活，除了日常生活的开销，再没有多余的闲钱。但是当圣诞节来临的前夕，彼此都在暗地里筹划，希望能给对方准备一件珍贵的礼物。于是，妻子狠心剪去了自己美丽的金色长发，换取了 20 美元，买了一条表链，来配丈夫的祖传金表。与此同时，丈夫卖了自己的金表，为妻子引以为傲的金色长发换取了一套精美的发饰。

结果，两人都为了对方，极不理智地牺牲了各自最宝贵的东西。两人精心准备的礼物都变成了没有使用价值的无用之物。

当然，我们从这个故事中体会到了两个主人公彼此之间无私的爱。现在，我们抛开其中的人文气息，用博弈论的观点来重新看这个故事。

在这个故事中，妻子和丈夫可以分别被看作参与博弈的双方。

双方的目的是准备一份最好的圣诞礼物。于是，妻子和丈夫都开始制定各自的行动策略。妻子的策略是出卖自己的长发。丈夫的策略是出卖自己祖传的金表。两人交换礼物就相当于同时出招，在此之前，妻子不知道丈夫的策略，丈夫也不知道妻子的策略。当两人同时拿出礼物后，博弈结束。所以说，这个故事其实就是一场同时行动的博弈。

策略博弈的另一种形式是"sequential game"，即序贯博弈，也被称作相继行动的博弈。棋类游戏是这种博弈形式最形象也最贴切的表现。

拿围棋来说，两个人一前一后，一人一步地进行博弈。通常情况下，我们在走自己这步棋的时候，就在估算对方接下来的举动，然后会思考自己如何应对。就这样一步接一步地推理下去，形成一条线性推理链。

简言之，对于参与序贯博弈的博弈者来说，制定策略时需要"向前展望，向后推理"。就像《孙子兵法》中所说的，"势者，因利而制权也"。要根据对方的决策，制定出对自己有利的策略。

商家在进行博弈的时候，经常采用的策略就是在价格上做文章。《纽约邮报》和《每日新闻》两家报纸就曾经在报纸售价上进行过一场较量。

在较量开始前，《纽约邮报》和《每日新闻》单份报纸的售价都是 40 美分。由于成本的增加，《纽约邮报》决定把报纸的售价改为 50 美分。

《每日新闻》是《纽约邮报》的主要竞争对手，在看到《纽约邮报》提高了单份报纸的售价后，《每日新闻》选择了不调价，每份报纸仍然只售出 40 美分。不过,《纽约邮报》并没有立即做出回应,只是继续观望《每日新闻》接下来的举动。《纽约邮报》原以为要不了很长时间,《每日新闻》必定会跟随自己也提高报纸的售价。

出乎意料之外的情况是,《纽约邮报》左等右等,就是不见《每日新闻》做出提高售价的举动。在此期间,《每日新闻》不仅提高了销量,还增添了新的广告客户。相应地,《纽约邮报》因此造成了一定的损失。

于是,《纽约邮报》生气了,决定对《每日新闻》的做法予以回击。《纽约邮报》打算让《每日新闻》意识到,如果它不能及时上调价格,与自己保持一致的话,那么,自己就要进行报复,与其展开一场价格战。

不过,稍有商业知识的人都知道,如果真的展开一场价格战,即便能够压倒对方,达到自己的目的,自己也要付出一定的代价。最危险的结果会是双方都没占到便宜,反而让第三方获益。经过再三思量,《纽约邮报》采取的策略是把自己在某一地区内的报纸售价降为 25 美分。

这是《纽约邮报》向《每日新闻》发出的警告信号,目的是督促对方提高售价。这种做法非常聪明,既让对方感到了自己释放出的威胁,又把大幅度降价给自己带来的损失降到了最低程度。

《纽约邮报》的做法收效非常明显,在短短几天内该地区的销量就呈现出成倍的增长。最重要的是,《纽约邮报》的这一做法很快就达到了自己的最终目的。《每日新闻》把报纸的售价由 40 美分提高到 50 美分。

对于《每日新闻》来说,当《纽约邮报》提高售价时,自己采取保持原价的策略本身就带有一定的投机性。目的就是想利用这个机会，为自己挣得更多的利益。此时，《纽约邮报》在地区范围施行的售价明显低于报纸的成本。假如自己仍然坚持不提价的话，自己的利益会遭到长时间的损害。假如自己对《纽约邮报》的做法予以回应，也会损害到自己的利益，加之提价对于自己并没有实质性的损害，只是与《纽约邮报》的竞争回到了原来的起点。所以，选择提价是《每日新闻》最好的选择。

其实，无论是博弈者同时出招的一次性博弈，还是博弈者相继出招的序贯博弈，博弈者都要努力寻找对自己最有利的策略。

我们在前面曾经提到过，如果博弈者拥有优势策略，那么就可以完全不必顾忌其他对手，只要按照优势策略采取行动就好。因为，无论你选择其他什么样的策略，得到的最终结果都不会超过优势策略得到的结果。所以，尽管放心大胆地使用。

如果你没有优势策略，该怎么办呢？那就站在对方的角度上进行分析，确定对方的最优策略。然后，你就可以根据对方的这条最优策略来制定自己的应对之策。而且，这条策略就是你的最佳策略。

假如你身处在一个非常复杂的博弈中，每个博弈者都有多种选择，都不存在优势策略，而且博弈者的决策之间相互联系非常紧密，一时间无法确定自己的最佳策略。那么，你就可以选择先把自己的劣势策略排除。在博弈者排除劣势策略的过程中，就可以使博弈情况得到简化。简化过的博弈更容易掌控，而且在简化的过程中，你也许会找到对自己有利的策略。

当然，这些分析都只是基于理论，博弈的实际情况可能会更为复杂，但是掌握其中的一些规律，往往会有利于我们应对具体的博弈情况，有据可循。总而言之，在策略博弈中，博弈者的首要任务就是寻找属于自己的优势策略。

第八章
警察与小偷博弈

第 1 节 警察与小偷模式：混合策略

在一个小镇上，只有一名警察负责巡逻，保卫小镇居民的人身和财产安全。这个小镇分为 A、B 两个区，在 A 区有一家酒馆，在 B 区有一家仓库。与此同时，这个镇上还住着一个以偷为生的惯犯，他的目标就是 A 区的酒馆和 B 区的仓库。因为只有一个警察，所以他每次只能选择 A、B 两个区中的一个去巡逻。而小偷正是抓住了这一点，每次也只到一个地方去偷窃。我们假设 A 区的酒馆有 2 万元的财产，而 B 区的仓库只有 1 万元的财产。如果警察去了 A 区进行巡逻，而小偷去了 B 区行窃，那么 B 区仓库价值 1 万元的财产将归小偷所有；如果警察在 A 区巡逻，而小偷也去 A 区行窃，那么小偷将会被巡逻的警察逮捕。同样道理，如果警察去 B 区巡逻，而小偷去 A 区行窃，那么 A 区酒馆的 2 万元财产将被装进小偷的腰包，而警察在 B 区巡逻，小偷同时也去 B 区行窃，那么小偷同样会被警察逮捕。

在这种情况下，警察应该采取哪一种巡逻方式才能使镇上的财产损失最小呢？如果按照以前的办法，只能有一个唯一的策略作为选择，那么最好的做法自然是警察去 A 区巡逻。因为这样做可以确保酒馆 2 万元财产的安全。但是，这又带来另外一个问题：如果小偷去 B 区，那么他一定能够成功偷走仓库里价值 1 万元的财产。这种做法对于警察来说是最优的策略吗？会有一种更好的策略吗？

让我们设想一下，如果警察在 A、B 中的某一个区巡逻，那么小偷也正好去了警察所在的那个区，那么小偷的偷盗计划将无法得逞，而 A、B 两个区的财产都能得到保护，那么警察的收益就是 3（酒馆和仓库的财产共计 3 万元），而小偷的收益则为 0，我们把它们计为（3，0）。

如果警察在 A 区巡逻，而小偷去了 B 区偷窃，那么警察就能保住 A 区酒馆的 2 万元，而小偷将会成功偷走 B 区仓库的 1 万元，我们把此时警察与小偷之间的收益计为（2，1）。

如果警察去 B 区巡逻，而小偷去 A 区偷窃，那么警察能够保住 B 区仓库的 1 万元，却让小偷偷走了 A 区酒馆的 2 万元。这时我们把他们的收益计为（1，2）。

		小偷	
		A 区	B 区
警察	A 区	（3，0）	（2，1）
	B 区	（1，2）	（3，0）

这个时候，警察的最佳选择是用抽签的方法来决定巡逻的区域。这是因为 A 区酒馆的财产价值是 2 万元，而 B 区仓库的财产价值是 1 万元，也就是说，A 区酒馆的价值是 B 区仓库价值的 2 倍，所以

警察应该用 2 个签代表 A 区，用 1 个签代表 B 区。如果抽到代表 A 区的签，无论是哪一个，他就去 A 区巡逻，而如果抽到代表 B 区的签，那他就去 B 区巡逻。这样，警察去 A 区巡逻的概率就为 2/3，去 B 区巡逻的概率为 1/3，这种概率的大小取决于巡逻地区财产的价值。

对小偷而言，最优的选择也是用抽签的办法选择去 A 区偷盗还是去 B 区偷盗，与警察的选择不同，当他抽到去 A 区的签时，他需要去 B 区偷盗，而抽到去 B 区的签时，他就应该去 A 区偷盗。这样，小偷去 A 区偷盗的概率为 1/3，去 B 区偷盗的概率为 2/3。

下面让我们用公式证明对警察和小偷来说，这是他们的最优选择。

当警察去 A 区巡逻时，小偷去 A 区偷盗的概率为 1/3，去 B 区偷盗的概率为 2/3，因此，警察去 A 区巡逻的期望得益为 7/3（1/3 × 3+2/3 × 2=7/3）万元。当警察去 B 区巡逻时，小偷去 A 区偷盗的概率同样为 1/3，去 B 区偷盗的概率为 2/3，因此，警察此时的期望得益为 7/3（1/3 × 1+2/3 × 3=7/3）万元。由此可以计算出，警察总的期望得益为 7/3（2/3 × 7/3+1/3 × 7/3=7/3）万元。

由此我们得知，警察的期望得益是 7/3 万元，与得 2 万元收益的只巡逻 A 区的策略相比，明显得到了改进。同样道理，我们也可以通过计算得出，小偷采取混合策略的总的期望得益为 2/3 万元，比得 1 万元收益的只偷盗 B 区的策略要好，因为这样做他会更加安全。

通过这个警察与小偷博弈，我们可以看出，当博弈中一方所得为另一方所失时，对于博弈双方的任何一方来说，这个时候只有混合策略均衡，而不可能有纯策略的占优策略。

对于小孩子之间玩的"石头剪刀布"的游戏，我们应该都不会陌生。在这个游戏中，纯策略均衡是不存在的，每个小孩出"石头""剪刀"和"布"的策略都是随机决定的，如果让对方知道你出其中一个策略的可能性大，那么你输的可能性也会随之增大。所以，千万不能让对方知道你的策略，就连可能性比较大的策略也不可以。由此可以得出，每个小孩的最优混合策略是采取每个策略的可能性是1/3。在这个博弈中，"纳什均衡"是每个小孩各取 3 个策略的 1/3。所以说，纯策略是参与者一次性选取，并且一直坚持的策略；而混合策略则不同，它是参与者在各种可供选择的策略中随机选择的。在博弈中，参与者并不是一成不变的，他可以根据具体情况改变他的策略，使得他的策略的选择满足一定的概率。当博弈中一方所得是另一方所失的时候，也就是在零和博弈的状态下，才有混合策略均衡。无论对于博弈中的哪一方，要想得到纯策略的占优策略都是不可能的。

在很多国家，纳税人和税务局之间的关系也属于警察与小偷博弈。那些纳税人总有这样一种心理，认为逃税要是被抓到，必然要交罚款，有时候还得坐牢；但如果运气好，没有被抓到，那么他们就可以少缴一点税。在这种情况下，理性的纳税人在决定要不要逃税时，一定会考虑到税务局调查他的几率有多高。因为税务局检查逃税要付出一定的成本，而且这成本还很高。一般来说，税务局不会随便查一个纳税人的账，只有在抓逃税漏税和公报私仇的时候，才会下血本严查。所以，纳税人和国税局便形成了警察与小偷博弈。税务局只有在你会逃税的情况下才会查税，而纳税人只有在不会被查的情况下才会想到逃税。因此，最好的选择就是随机，老百姓有时候逃税，有时候被查税。所以，像警察与小偷博弈一样，纳税人不可能让税务局知道自己的选择。如果哪个乖乖缴税的纳税人因不满国税局的检查而写信解释，认为他们不应该来调查，那么他们会得到什么结果呢？答案是国税局仍然像以前一样查他。同理，如果哪个纳税人写信通知国税局，说自己在逃税，那么国税局可能都会相信，但发出这种通知对纳税人来说多半不是最好的策略。因为在警察与小偷博弈中，每个人都会千方百计地隐瞒自己的做法。

第 2 节 混合策略不是瞎出牌

数学家约翰·冯·诺伊曼创立了"最小最大定理"。在这一定理中，诺伊曼指出，在二人零和博弈中，参与者的利益严格相反（一人所得等于另一人所失），每个参与者都会尽最大努力使对手的最大收益最小化，而他的对手则正好相反，他们努力使自己的最小收益最大化。在两个选手的利益严格对立的所有博弈中，都有这样一个共同点。

诺伊曼这一理论的提出与警察与小偷博弈有很大的关系。在警察与小偷博弈中，如果从警察和小偷的不同角度计算最佳混合策略，那么得到的结果将是，他们有同样的成功概率。换句话说就是，警察如果采取自己的最佳混合策略，就能成功地限制小偷，使小偷的成功概率与他采用自己的最佳混合策略所能达到的成功概率相同。他们这样做的结果是，最大收益的最小值（最小最大收益）与最小收益的最大值（最大最小收益）完全相等。双方改善自己的收益成为空谈，因此这些策略使得这个博弈达到一个均衡。

最小最大定理的证明相当复杂，对于一般人来说，没有必要花大力气去深究。但是，它的结论却非常实用，能够解决我们日常生活中的很多问题。比如你想知道比赛中一个选手之得或者另一个选手之失，你只要计算其中一个选手的最佳混合策略就能得出结果了。

在所有混合策略中，每个参与者并不在意自己的任何具体策略，这是所有混合策略的均衡所具有的一个共同点。如果你采取混合策略，就会给对手一种感觉，让他觉得他的任何策略都无法影响你的下一步行动。这听上去好似天方夜谭，其实并不是那样。因为它正好与零和博弈的随机化动机不谋而合，既要觉察到对方任何有规律的行为，采取相应的行动制约他，同时也要坚持自己的最佳混合策略，避免一切有可能让对方占便宜的模式。如果你的对手确实倾向于采取某一种特别的行动，那只能说明，他们选择的策略是最糟糕的一种。

所以说，无论采取随机策略，还是采取混合策略，与毫无策略地"瞎出"不能画等号，因为随机策略与混合策略都有很强的策略性。但有一点需要特别注意，一定要运用偶然性提防别人发现你的有规则行为，从而使你陷入被动之中。

我们小时候经常玩的"手指配对"游戏就很好地反映了这个问题。在"手指配对"游戏中，当裁判员数到三的时候，两个选手必须同时伸出一个或者两个手指。假如手指的总数是偶数，那么伸出两个手指的人也就是"偶数"的选手赢；假如手指的总数是奇数，那么伸出一个手指也就是"奇数"的选手赢。

如果在不清楚对方会出什么的情况下，又该怎样做才能保证自己不落败呢？有人回答说："闭着眼瞎出。"可能很多人会被这样的回答搞得哈哈大笑，但是，其实笑话别人的人才真正可笑。那个人的话虽然看似好笑，实则很有道理。因为从博弈论的角度看，"闭着眼瞎出"也存在着一种均衡模式。

如果两位选手伸出几个手指不是随机的，那么这个博弈就没有均衡点。假如那位"偶数"选手一定出两个指头，"奇数"选手就一定会伸出一个指头。反过来想，既然"偶数"选手确信他的对手一定会出"奇数"，他就会做出改变，改出一个指头。他这样做的结果是，那位"奇数"选手也会跟着改变，改出两个指头。如此一来，"偶数"选手为了胜利，转而出两个指头。于是就形成了一个循环往复的过程，没有尽头。

因为在这个游戏中，结果只有奇数和偶数两种，两名选手的均衡混合策略都应该是相等的。假如"偶数"选手出两个指头和一个指头的几率各占一半，那"奇数"选手无论选择出一个还是两个指头，两名选手将会打成平手。同样道理，假如"奇数"选手出一个指头与出两个指头的几率也是各占一半，那么"偶数"选手无论出两个指头还是一个指头，得到的结果还是一样。所以，混合策略对双方来说都是最佳选择。它们合起来就会达到一个均衡。

这一解决方案就是混合策略均衡，它向人们反映出，个人随机混合自己的策略是非常有必要的一件事情。

过去有一位拳师，他背井离乡去学艺，学成归来后在家里与老婆因一件小事而发生矛盾。他老婆并没有秉承古代女子温婉贤淑的遗风，而是一个性格暴躁、五大三粗的女人。在自己丈夫面前，她更加肆无忌惮。她摩拳擦掌，准备让拳师知道她的厉害。拳师学有所成，根本不把她放在眼里，脸上充满了鄙夷的神情。可是没想到拳师还没有摆好架势，他老婆已经猛冲上来，二话不说就把他打得鼻青脸肿。拳师空有一身本领，在他老婆面前竟然毫无还手之力。

事后别人对此很不理解，就问他说："您的武艺已经大有所成，怎么会败在您老婆手下？"拳师满脸委屈地回答说："她不按招式出拳，我如何招架？"

这个笑话就与民间流传的"乱拳打死老师傅"有异曲同工之妙。像拳师的老婆和"乱拳"，可以看作随机混合策略的一种形象叫法。

像那位拳师以及很多"老师傅"，他们因为只采取随机策略或混合策略中的一种，所以在随机混合策略面前必然会吃大亏。因此说，个人随机混合策略是保障博弈参与者获得胜利的一件法宝。

第 3 节 混合策略也有规律可循

随着网球运动的不断普及，网球越来越受到人们的欢迎，网球比赛在电视转播中也越来越多。在观看网球比赛时，人们会发现，水平越高的选手对发球越重视。德尔波特罗、罗迪克、达维登科等球员底线相持技术一般，但是因为有一手漂亮的发球，所以能够跻身于世界前列。李娜、郑洁等中国女球员虽然技术十分出色，也取得过不俗的成绩，但是如果想要获得更大的进步，还需要在发球方面好好地下一番苦功夫。

发球的重要性使得球手们对自己的策略更加重视。如果一个发球采取自己的均衡策略，以 40 : 60 的比例选择攻击对方的正手和反手，接球者的成功率为 48%。如果发球者不采取这个比例，而是采取其他比例，那么对手的成功率就会有所提升。比如说，有一个球员把所有球都发向对手的实力较差的反手，对手因为意识到了发球的这种规律，就会对此做出防范，那么他的成功率就会增加到60%。这只是一种假设，在现实中，如果比赛双方两个人经常在一起打球，对对方的习惯和球路都非常熟悉，那么接球者在比赛中就能够提前做出判断，采取相应的行动。但是，这种方法并非任何时候都能奏效，因为发球者可能是一个更加优秀的策略家，他会给接球者制造一种假象，让接球者误以为已经彻底了解了发球者的意图，为了获得比赛的胜利而放弃自己的均衡混合策略。如此一来，接球者必然会上当受骗。也就是说，在接球者眼里很傻的发球者的混合策略，可能只是引诱接球者的一个充满危险的陷阱。因此，对于接球者来说，为了避免这一危险，必须采取自己的均衡混合策略。

和正确的混合比例一样，随机性也同样重要。假如发球者向对手的反手发6个球，然后转向对方的正手发出4个球，接着又向反手发6个，再向正手发4个，这样循环下去便能够达到正确的混合比例。但是，发球者的这种行为具有一定的规律性，如果接球者足够聪明的话，那他很快就能发现这个规律。他根据这个规律做出相应的调整，那么成功率就必然会上升。所以说，发球者如果想要取得最好的效果，那么他必须做到每一次发球都让对手琢磨不透。

由此可以看出，如果能够发现博弈中的某个参与者打算采取一种行动方针，而这种行动方针并非其均衡随机混合策略，那么另一个参与者就可以利用这一点占到便宜。

在戴维·哈伯斯塔姆的著作《1949年夏天》里，作者描述了17岁的特德·威廉斯第一次体会到策略思维的重要意义。对威廉斯和其他许多年轻球员来说，变化球让他们吃尽了苦头。威廉斯就曾被一名投手用一个曲线球打出局，这让他苦恼不已。正当他悻悻地往场下走时，一位著名的大联盟前投手喊住了他，问他是怎么回事。

威廉斯无奈地回答说："一个该死的慢曲线球把我打出局了。"投手没有和他讨论有关曲线球的事，只是问他能不能击中那个人的快球，威廉斯干脆地答道："没问题。""你觉得下一次他会怎样对付你？"投手追问道。威廉斯从没想过应该怎样对付他，因为那是投手们思考的问题。那个投手又对威廉斯说："为什么你不回到场边去等待下一次机会呢？"威廉斯按照他说的话去做，结果收到了很好的效果。这件事看似只是小事一桩，但就是这件小事揭开了一项长达 20 年的针对投手思维的研究的序幕。

在这个故事里，那个投手和威廉斯都没有认识到不可预测的必要性。这样说是因为，假如威廉斯想过对方会怎样向自己投球，那个投手就不会在他意识到自己早有准备的时候仍然投出一个曲线球！当时双方都想压制对方，但又无法掌握对方的想法，所以只能靠猜测行事。这就涉及猜测的概率问题。要想做到不可预测，投手投球的选择必须是随机的。当然，投出不精确的球的情况除外。如果一个投手连自己都不知道球会飞向何处，那么虽然他是不可预测的，但是他就没办法决定什么时候应该投什么类型的球，以及不同类型的球应该保持怎样的相对频率。

这种类似的情况还出现在 1986 年的全美棒球联赛中。那是一场纽约大都会队与休斯敦星象队争夺冠军的比赛，当时纽约大都会队依靠击球手莱恩·戴克斯特拉在第九局面对投手戴夫·史密斯的第二投击出的一个本垒打赢了最后的胜利。这是一场非常艰难的比赛。赛后，两位球员接受了记者的采访，当被问到究竟发生了什么事的时候，戴克斯特拉回答说："他投出的第一个球是一个快球，我击球出界。当时我感觉到他在第二投时会投一个下坠球，结果他果然那样做了。因为事先做出了判断，我非常准确地看清了这个球的路线，所以我的出手也非常准确。"史密斯则非常沮丧地说道："这样的投球选择可真是糟糕极了。如果让我再投一次，我就会投出一个快球。"

如果老天再给史密斯一个重新来过的机会，那他是不是应该再投一个快球呢？当然不是。击球手戴克斯特拉可能看到了史密斯这一层次的思考方式，所以他会认为史密斯将要投一个快球。此时，史密斯应该转向另一个层次的思考方式，投一个下坠球。对于双方来说，彼此都将对方的一切有规则的思考与行动方式看透，并且加以利用，所以说，他们最好的行动策略就是力求做到不可预测。

尽管棒球投手的投球选择是不可预测的，但还是有一些规则可以对这类选择进行指导。一定数量的不可预测性不应该完全听天由命。实际上，可以通过整个博弈的细节精确地确定投手选择投这种球而非那种球的概率。

在混合策略中，还会出现一种现象，就是后者盲目跟随前者。

在一个黑暗的房间里放着3种饮料，有一群人被告知可以到这个房间里拿饮料喝。因为房间很黑，所以每个人都无法用眼睛来判断饮料的质量，也无法看清饮料的品牌，这个时候，他们会选择哪一种饮料呢？也许有人会认为，3种饮料将会得到平均分配，这看起来似乎很有道理。但是，这个实验结果是几乎所有人都选择一种饮料。这表明人们只会选择3种饮料中的一种，只是每次人们所选择的饮料不同罢了。这时我们可以说，被选取的饮料具有非对称性。

一般情况下，人们会根据饮料给每个人呈现的视觉图像进行选择，所以人群会出现对称性选择，也就是每个人会在所给定的几种饮料中随机选取，3种饮料被选择的几率大体相同。

为什么会出现选择的非对称性呢？因为人们选择的行动之间有一种相互作用，正是这种相互作用使得选择出现非对称性。这是一种既微妙又不合理的学习过程。第一个人选取饮料是按照自己的喜好或者习惯来决定的，可以说是一种随机的选择，但是他后面的人对饮料的选取则与他不同。这是因为第二个人看到第一个人选择了某种饮料，他会顺理成章地认为第一个人的选取并非随意的，而是有根据的，因此第二个人也会选择第一个人所选取的那种饮料。第三个人的情况也会如此，这种影响不会停止，而是传递给第四个人、第五个人……于是第一个人对某种饮料的随机选取就会这样传递下去，并且随着传递的不断进行，后面的人逐渐失去思辨能力，只是盲目地跟随前面的人进行选择。所有的人都倾向于选择一种饮料的原因就在于此。

之所以出现非对称的选择结果，是因为这种传递不是靠语言来进行的，而是依靠对前面人的选择行动的观察。这是一个没有理由的学习过程，也就是说，这样的学习过程是毫无根据可言的。这个心理学上的实验将人与人之间互动的情况淋漓尽致地显示给人们。

第4节 随机性的惩罚最起效

随机策略是博弈论早期提出的一个观点，促进了博弈走向成熟阶段。这个观点本身很好理解，但是要想在实践中运用得当，使其作用达到最大化，就必须做一些细致的研究。比如在前面提到的网球运动中，发球者采取混合策略，时而把球打向对方的正手，时而把球打向对方的反手，这还远远不够。他还必须知道他攻击对方的正手的时间在总时间中所占的比例，以及根据双方的力量对比如何及时做出选择。在橄榄球比赛里，攻守双方每一次贴身争抢之前，攻方都会在传球或带球突破之中做出选择，然后根据这个选择决定应该怎样去做，而守方会知道攻方的选择只有两种，所以就会把赌注押在其中一个选择上，做好准备进行反击。

无论是在网球比赛还是橄榄球比赛里，每一方非常清楚自己的优点和对方的弱点。假如他们的选择瞄准的不止是对手的某一个弱点，而是可以兼顾对方的所有弱点并且加以利用，那么这个选择就是最好的策略。赛场上的球员当然也明白这一点，所以他们总是做出出人意料的选择，使得对方无法摸清他的策略，最大限度地制约了对手的发挥，为己方最终赢得胜利奠定基础。

需要指出的是，多管齐下与按照一个可以预计的模式交替使用策略不可画等号。如果那样做的话，你的对手就会有所察觉，通过分析判断出你的模式，从而最大限度地利用这个模式进行还击。所以说，多管齐下的策略实施必须伴随不可预测性。

在剃须刀市场上，假如毕克品牌在每隔一个月的第一个星期天举行购物券优惠活动，那么吉列经过长期观察就能够判断出这个规律，从而采取提前举行优惠活动的方式进行反击。如此一来，毕克也可以摸清吉列的策略，并根据吉列的策略制定其新的策略，也就是将优惠活动提前到吉列之前举行。这种做法对竞争的双方来说都非常残酷，会使双方的利润大打折扣。不过假如双方都采用一种难以预测的混合策略，那么就可以使双方的激烈竞争有所缓解，双方的利润损失也不会太大。

某些公司会使用折扣券来建立自己的市场份额，它们这样做并不是想向现有消费者提供折扣，而是扩大品牌的影响力，吸引更多的消费者，从而获得更高的利益。假如同行业里的几个竞争者同时提供折扣券，那么对消费者来说，这种折扣券没有任何作用，他们仍然继续选择以前的品牌。消费者只有在一家公司提供折扣券而其他公司不提供的时候，才会被吸引过去，尝试另外一个新品牌。可口可乐与百事可乐公司就曾经进行过一场激烈的折扣券战争。两家公司都想提供折扣券，以达到吸引顾客的目的。可是，如果两家公司同时推出折扣券，那么两家公司都达不到自己的目的，反而还会使自己的利益受损。所以对它们来说，最好的策略就是遵守一种可预测的模式，两个公司每隔一段时间轮流提供一次折扣券。但是，这样做也存在着一些问题。比如当百事可乐公司预计到可口可乐公司将要提供折扣券的时候，它抢先一步提供折扣券。所以要避免他人抢占先机，就需要使对手摸不清楚你什么时候会推出折扣券，这正是一个随机化的策略。

众所周知，税务局的审计规律在一定程度上是模糊而笼统的。这样做的目的其实很明显，就是给企业造成一种心理压力，让他们全都难逃审计的风险，所以他们也就只能老老实实地如实申报。如果税务局不这样做，而是事先按一定的顺序安排好被审计的企业，那会出现什么情况呢？假如税务审计存在着一定的顺序，并且哪一家企业将会受到审计都可以根据这个顺序推测出来，那么在企业报税的时候，肯定会参照这个顺序，看自己是否会受到审计。假如企业能够预测到自己在受审计的行列之内，而又能找到一个出色的会计师对报税单做一番动作，那么他们必然会这样去做，使其不再符合条件以免除被审计。假如一个企业肯定被审计，那他就会选择如实申报。如果税务局的审计行动具有完全可预见性，审计结果就会出现问题。因为所有被审计的企业早就知道自己要被审计，所以只能选择如实申报，而对于那些逃过审计的人，他们的所作所为就无人可知了。

很多国家都实行"服兵役"制度，也就是国家每年都征召达到法定年龄的青年入伍。如果全国所有百姓都拒绝应征，因为法不责众的缘故，所以也就不可能惩罚所有人。如此一来，又该如何激励达到法定年龄的青少年去应召入伍呢？需要说明的是，政府掌握着一个有利的条件，有权力惩罚一个没有登记的人。在这种情况上，政府可以宣布按照姓氏笔画的顺序追究违法者，排在第一位的假如不去登记就会受到惩罚，这使得那家人只能乖乖就范。排在第二位的就会想到，既然第一家已经去登记了，如果自己不去就会遭到惩罚。这样依次排列下去，所有的百姓都会主动去登记。可这并不能解决所有问题。在人数众多的情况下，必然会有一小部分人会出差错。也许排在前面的百姓已经因为没有去登记而遭到了政府的惩罚，所以后面的人就可以高枕无忧了。真正有效的办法是随机抽取哪家该去登记，这样做的好处是，对少数百姓实施惩罚就可以达到激励多数人的目的。

在《吕氏春秋》中记载着一个有关宋康王的故事。宋康王是战国时期的一位暴君，史书把他与夏桀相提并论，称为"桀宋"。这位宋康王打仗很有一套，"东伐齐，取五城，南败楚，拓地二百余里，西败魏军，取二城，灭滕，有其地"，为宋国赢得了"五千乘之劲宋"的美誉。宋康王打仗很厉害，但是连年征战惹得民怨沸腾，朝野上下一片骂声。于是他整天喝酒，变得异常暴虐。有些大臣看不过去，就前去劝谏。宋康王不但不听，还将劝谏的大臣们找理由撤职或者关押起来。这就使得臣子们对他更加反感，经常在私下里非议他。有一天，他问大臣唐鞅说："我杀了那么多的人，为什么臣下更不怕我了呢？"唐鞅回答说："您所治罪的，都是一些有罪的人。惩罚他们是理所当然，没有犯法的人根本不会害怕。您要是不区分好人坏人，也不管他有没有犯法，随便抓住就治罪，如此一来，又有哪个大臣会不害怕呢？"宋康王虽然暴虐，但也是个聪明人。他听从了唐鞅的建议，随意地想杀谁就杀谁，后来连唐鞅也身首异处。大臣们果然非常害怕，没有人再敢随便说话了。

从这个故事可以看出，唐鞅的建议虽然有些缺德，但他仍然把握住了混合策略博弈的精髓。他给宋康王所出的主意正是一条制造可信威胁的有效策略：随机惩罚。宋康王只是想对臣下们进行威胁，使得大臣们有所收敛。如果他只惩罚那些冒犯他的人，大臣们就会想方设法地加以规避，宋康王的目的必然无法达到。而"唐鞅策略"使得大臣都担心无法预测的惩罚，所以他们也就不敢再放肆了。

这个故事告诉我们，一旦有必要采取随机策略，只要摸清对手的策略就能够找到自己的均衡混合策略：当对手无论怎样做都处于同样的威胁之下，并且不知道该采取哪种具体策略的时候，你的策略就是最佳的随机策略。

不过，有一点必须特别注意，随机策略必须是主动保持的一种策略。

虽然随机策略使得宋康王达到了震慑群臣的作用，但这并不意味着他可以随自己的某种偏好倾向进行惩罚。因为如果出现某种倾向，那就是偏离了最佳混合策略。这样一来，宋康王的策略对所有大臣的威胁程度反而将会大打折扣。

同时，随机策略也存在着一定的不足，那就是当大臣们合起伙来对抗宋康王时，那么宋康王将会束手无策。如果大臣们知道宋康王不会将他们杀戮殆尽，那么他们很可能会合起伙来冒犯他。在这种情况下，由于宋康王只能选择性地杀几个，其他人因为冒犯宋康王并未获罪，反而会得到好的名声，这会使得他们更加大胆地去这样做。面对这种局面，宋康王应该怎样做才能破解群臣的合谋呢？他最好的做法就是，按照大臣们的职位高低对其进行排序，并对第一号大臣说，如果他胆敢冒犯君王，就会被撤职。一号大臣在这种威胁之下必然会老实下来。接下来，宋康王对二号大臣说，如果一号大臣很老实，而你不老实，那你就等着脑袋搬家吧。在二号大臣的意识里，一定会认为一号会老实，因此他为了保住性命也会老实。用相同的方法告诉其他大臣，如果他前面的大臣都老实，而他不老实就会被杀。如此一来，所有的大臣都会老实下来。这一策略非常有用，就算大臣们串通起来，也无法破解。因为一号大臣从自身的利益考虑，他老实听命一定比参与这种冒犯同盟要实惠得多。

这种策略在与一群对手进行谈判的场合有着很好的用处。它成功的关键在于，当随机进行惩罚时，每个人都有被惩罚的可能性，所以会选择不合作的策略进行殊死搏斗。但是当惩罚有一种明确的联动机制以后，情况就会有所转变。除非有一种情况出现，就是当在你面对的是一群非理性的对手时，当然这不在讨论的范围之内。除了这种情况，这样的威胁一般都会达到你的目的。

第5节 概率陷阱

其实赌博就是赌概率，概率法则决定着赌博的结果。无论输赢，从概率的角度来说，赌博都是随机事件。赌场靠一个大的赌客群，从中抽头赚钱。无论怎么赌，最终赚钱的始终是赌场。

许多赌博方式都有庄家占先的特例。比如在牌九中，同样的点数庄家赢；掷3只骰子赌大小，在掷出"豹子"的时候（3只色子点数一样），庄家通杀。这使得庄家的收益期望值大于0，而与此同时，赌客的收益期望值就小于0。因此，赌的时间越长，庄家的得胜几率就越大。这也是为什么赌场稳赢不输的原因。

有部叫《赌场风云》的电影，里面有这样的情节：在赌场里，如果哪个赌客侥幸赢了大钱，赌场老板就会让女色去挽留他，甚至可以用飞机晚点来挽留，目的就是让他继续赌，没有耐心的赢家往往很快会变为输家。这还是比较规范的赌场，有的赌场就没有这么客气了，遇到这种情况，他们甚至会使用暴力挽回损失，而且他们一般还在赌具上搞鬼（出老千），如果赌徒进了这样的赌场，那就更没有赢钱的希望了。别指望通过赌博赚钱，那几乎是不可能的。

赌场中有一种常见的赌博方式："21点"。这种赌法的规则是这样的：发牌人分别给赌徒和庄家发扑克牌，然后比扑克牌的点数，谁的点数大谁就赢。21点最大，超过21点称为"爆了"，等于没点。庄家后翻牌，赌徒先翻牌。在点数没有超过21点的情况下，如果赌徒的点数大于庄家的点数，则赌徒获胜，那么你此轮押了多少筹码，庄家就得赔你多少；而如果你的点数小于庄家的点数，你押的筹码就归庄家所有。点数相同为平局，重新发牌。

　　表面看起来，"21点"这种赌法很公平，但实际并非如此。无论是什么赌法，永远是庄家占优。在这种赌法里，庄家具有"概率"和"信息"两个优势。

　　在概率方面，因为是赌徒先翻牌，只要赌徒的点数超过21点，就等于是庄家赢了；但是，不管庄家的点数是否超过"21点"，只要赌徒的点数"爆了"，庄家就可直接收取赌徒的筹码。庄家后翻牌，赌徒先翻牌，这就使得庄家要牌时有了信息依据——可以根据赌徒的点数来决定自己要还是不要。

　　一个赌徒身上装着3000元去了赌场，他赢了200元，这时如果他要走的话，赌场也不会去留，因为毕竟数目太小；而如果他输了100元，这时就是想让他离开估计也是不可能的，因为他要翻本。

　　赌博可以作为一种娱乐，如平时打麻将和玩扑克牌等。但如果嗜赌的话，就不可取了。因此，我们不赞成赌博。

　　包括赌徒自己也知道赌博不是一件好事，他们心里很明白，只是迫不得已。各种赌局等对抗性游戏让人们痴迷，最根本原因可能是出于人的"争强好胜"的天性。赌博这一活动要受到社会道德的批判和管制。

　　不仅仅从社会学的角度上不提倡赌博，从经济学的角度来看，赌博也是百害而无一利的。理性的人应当避免参加赌博活动。

　　首先，赌博是典型的"零和博弈"，在某种情况下甚至可以说是"负和博弈"。因此，无论什么形式的赌博活动，根本不会增加任何产出，不能创造任何社会价值。但是，赌博活动却一样耗费赌徒的时间、体力和精力。

　　就算庄家不抽头，不在赌具上"做文章"（出老千），赌博活动的最终结果也只是将金钱从输家的手里转移到赢家的手里。这一结果使得赌博活动不利于社会良好治安秩序的形成，也不利于社会的公正。比如，甲和乙两人都是工薪阶层，月收入同是 2000 元，这点工资是全家人的生活保障。在月底发工资的时候，如果两人心血来潮，想试试自己的运气，就拿 2000 元薪水赌了起来。在赌之前，他们还规定，直到一方输完为止。

最终的结局是甲全部输完了，乙把他的钱全赢去了。乙收入加倍，这个月的生活就过得舒服一点；而甲变成了穷光蛋，一家老小的生活都难以维系。甲可能会因此愤愤不平，怨天怨地，还可能有去抢的犯罪念头，给社会治安埋下了隐患。

反对赌博不只是一种道德立场，也是一种明智的策略选择。在很多赌博游戏中，如果你一味相信自己的直觉，那么极有可能输到"一穷二白"。

前段时间有报道称，两名大学生因为玩老虎机，输光了父母给的学费。最后，两人铤而走险，走上了抢的道路……那么，为什么有这么多人沉迷于老虎机呢？

"老虎机"这种赌法最初源自赌城拉斯维加斯。"老虎机"就是一台简单的机器，其中有两个口——一个是塞硬币进去的口，另一个是出硬币的口。一枚硬币代表固定的点数，把硬币塞进去，你就有了点数。老虎机上还有不同的按钮，代表不同的赔率，在你选定按钮之后，会有一个"红点"转几圈，如果转到你选的按钮，那么就可以获得相应赔率的点数。

开始的时候，老虎机的取胜概率很低，一些人过了新鲜感之后就不再玩了。为了扭转这一印象，刺激人们玩老虎机。拉斯维加斯的一些赌场宣布：将老虎机的回报率提高，有些赌场甚至保证它们那里的机器回报率大于1。但是，这只是老虎机中的个别机器的回报率高，也就是说，你要是能选到高回报率的老虎机，基本上就可以赢。但是，赌场不会告诉你哪台机器属于这种特别设定的机器。而且这么多的机器，在一天的时间内，你怎么来得及知道是哪一个机器呢？就算你发现了是哪一台，也一定已经输了不少钱才知道的。第二天，他们又把这种高回报率的机器换到别的地方，他们当然不会在一个固定位置放一台高回报率的老虎机。

老虎机传到我们国家以来，不少地方都有，而且屡禁不止，就是因为它们能赚钱。在游戏厅、大排档、比较偏一点的便利店等不少地方都能看到，也有不少人10个硬币一次地往里塞，10个硬币的积分用完之后，又是10个……

每个人在某些时刻都想赢一下，这是很正常的渴望，也是每个人的梦想。就像听说某人中了500万，你开始梦想也中500万一样，我们都是抱着梦想去买彩票的，就算不中也没什么。但我们不能让"赌"控制了我们的生活。

常胜的赌徒是没有的，你也许会问：那为什么我经常听说，某某经常赢钱。之所以经常赢，如果我们排除打牌或作弊的技术高之外，那只能说明"概率"一直偏向他，也就是我们说的运气好，而他本人也自以为通晓了"某些奥妙"。如果在一段时间内，概率一直偏向这个人，证明他的预感和先见之明，那么他就会一直赢钱，心里就产生"运气好"的想法，他的运气碰巧合乎他自觉幸运的信心，使他相信自己的运气是特殊的神恩，专门赐给自己这样的"赌神"的。而实际上，只不过是概率恰巧在这段时间里"遇上"了他。

第 1 节 斗鸡博弈 : 强强对抗

在斗鸡场上, 有两只好战的公鸡遇到了一起。每个公鸡有两个行动选择 : 一是进攻, 一是退下来。如果一方退下来, 而对方没有退下来, 则对方获得胜利, 退下来的公鸡会很丢面子 ; 如果自己没退下来, 而对方退下来, 则自己胜利, 对方很没面子 ; 如果两只公鸡都选择前进, 那么会出现两败俱伤的结果 ; 如果双方都退下来, 那么它们打个平手谁也不丢面子。

A 鸡

		前进	后退
B 鸡	前进	(−2, −2)	(1, −1)
	后退	(−1, 1)	(−1, −1)

从这个矩阵图中可以看出, 如果两者都选择"前进", 结果是两败俱伤, 两者的收益均为 -2 ; 如果一方"前进", 另一方"后退", 前进的公鸡的收益为 1, 赢得了面子, 而后退的公鸡的收益为 -1, 输掉了面子, 但与两者都"前进"相比, 这样的损失要小 ; 如果两

者都选择"后退",两者均不会输掉面子,获得的收益为 -1。

在这个博弈中,存在着两个"纳什均衡":一方前进,另一方后退。但关键是谁进谁退?在一个博弈中,如果存在着唯一的"纳什均衡"点,那么这个博弈就是可预测的,即这个"纳什均衡"点就是事先知道的唯一的博弈结果。但是如果一个博弈不是只有一个"纳什均衡"点,而是两个或两个以上,那么谁都无法预测出结果。所以说,我们无法预测斗鸡博弈的结果,也就是无法知道在这个博弈中谁进谁退、谁输谁赢。

由此可以看出,斗鸡博弈描述的是两个强者在对抗冲突的时候,如何能让自己占据优势,获得最大收益,确保损失最小。斗鸡博弈中的参与双方都处在一个力量均等、针锋相对的紧张局势中。

提到斗鸡博弈,很容易让人想到一个成语"呆若木鸡"。这个成语来源于古代的斗鸡游戏,现在用来比喻人呆头呆脑,像木头做成的鸡一样,形容因恐惧或惊讶而发愣的样子,是一个贬义词,但是它最初的含义却正好与此相反。这个成语出自《庄子·达生》篇,原文是这样的:

"纪子为王养斗鸡。十日而问:'鸡已乎?'曰:'未也,方虚骄而恃气。'十日又问,曰:'未也,犹应向景。'十日又问,曰:'未也,犹疾视而盛气。'十日又问,曰:'几矣。鸡虽有鸣者,已无变矣,望之,似木鸡矣,其德全矣,异鸡无敢应者,反走矣。'"

在这个故事中,原来纪子训练斗鸡的最佳效果就是使其达到"呆若木鸡"的程度。"呆若木鸡"不是真呆,只是看着呆,实际上却有很强的战斗力,貌似木头的斗鸡根本不必出击,就令其他的斗鸡望风而逃。

从这个典故中我们可以看出，"呆若木鸡"原来是比喻修养达到一定境界从而做到精神内敛的意思。它给人们的启示是：人如果不断强化竞争的心理，就容易树敌，造成关系紧张，彼此仇视；如果消除竞争之心，就能达到"不战而屈人之兵"的效果。

"呆若木鸡"的典故包含斗鸡博弈的基本原则：让对手对双方的力量对比进行错误的判断，从而产生畏惧心理，再凭借自己的实力打败对手。

在现实生活中，斗鸡博弈的例子有很多。

假设王某欠张某100元钱。这时张某是债权人，王某为债务人。张某多次催债无果，有人提出双方达成合作：张某减免王某10元钱，王某立刻还钱。我们假设一方强硬一方妥协，则强硬一方可得到100元的收益，妥协一方收益为0；如果双方都采取强硬的态度，就会发生暴力冲突，张某不但无法追回100元的债务，还会因受伤花费100元的医疗费，所以张某的收益为-200元。此时债务人王某的收益为-100元。具体如图所示：

张某

王某	强硬	妥协
强硬	（-100，-200）	（100，0）
妥协	（0，100）	（10，90）

双方在自己强硬而对方妥协的情况下能够获得最大收益。为了使收益最大化，也就是获得100元的收益，张某和王某都会采取强硬的态度。但是他们都忽略了一点，那就是如果双方都采取强硬的

态度，自己和对方都会得到负效益100元。在这个博弈中，张某和王某都选择妥协的态度，收益分别为90元和10元，是双方理性下的最优策略。由此可以看出，债权人与债务人为追求各自利益的最大化，选择不合作的态度会使双方陷入"囚徒困境"。

尽管从理论的角度来说，这个博弈有两个"纳什均衡"，但由于目前中国存在着诸多如欠债不还、假冒伪劣盛行等信用不健全的问题，这种现实造成了法律环境对债务人有利的现象。也正是基于此，债务人会首先选择强硬的态度。于是这个博弈又变成了一个动态博弈。债权人在债务人采取强硬的态度后，不会选择强硬，因为采取强硬措施对他来说反而不好，所以他只能选择妥协。而在双方均选择强硬态度的情况之下，债务人虽然收益为-100元，但他会认为在他选择强硬时，债权人一定会选择妥协，所以对于债务人来说，他的理性战略就是强硬。因此，这一博弈的"纳什均衡"实际上应为债务人强硬而债权人妥协。

由斗鸡博弈衍生出来的动态博弈，会形成一个拍卖模型：拍卖规则是竞价者轮流出价，最后拍卖物品归出价最高者所有，出价少的人不仅得不到该物品，而且需要按他所竞拍的价格支付给拍卖方钱财。

假设有两个人出价争夺价值一万元的物品，只要进入双方叫价阶段，双方就进入了僵持不下的境地。因为他们都会想：如果不退出，我就有可能得到这价值一万元的物品；如果我选择退出，那么不但得不到物品，而且要白白搭进一大笔钱。这种心理使得他们不断抬高自己的价码。但是，他们没有意识到，随着出价的增加，他的损失也可能在不断地增大。

在这个博弈中，实际上存在着一个"纳什均衡"，即第一个人叫出一万元竞标价的时候，另一个人不出价，让那个人得到物品，因为这样做对他来说是最理性的选择。但是对于那些置身其中的人来说，要他们做出这种选择一般来说是不可能的。

第2节 胆小鬼博弈

有两个顽皮好胜的不良少年，在别人的怂恿之下，要举行一场有关胆量的比赛。比赛的规则是，两个人各驾驶一辆赛车，同时开足马力向对方冲去。如果双方谁先转向，就算输掉比赛，同时被扣上"胆小鬼"的帽子。

在这个游戏中，如果双方都不肯让路，那么他们很有可能会同归于尽，这一结果无疑是最坏的；如果某一方先怕死，选择避让，那么他就会输掉比赛，被别人称为"胆小鬼"；如果双方都退避让路，虽然身体不会受伤，但都会被称为"胆小鬼"，在玩伴们面前威信扫地。通过分析可以看出，对他们来说，最大的收益是自己勇往直前，逼迫对方让路；如果对方选择坚持，自己最好选择让路，因为就算被称为"胆小鬼"，也总比丢掉性命要好。

这就是斗鸡博弈的另外一种案例，称为"胆小鬼博弈"。

这个博弈的原始模型由20世纪50年代一个关于大力马车赛的美国电影而来。在电影中，两名车手进行比赛，规则要求两人驾车同时向对方驶去。这样就会出现三种结果：第一，如果两个人都一往无前，那么就会撞车，两个人非死即伤；第二，如果两人中的其中一个在最后时刻转动方向盘，使赛车转向，那么这个人就会输掉比赛，并被看作胆小鬼；第三，如果两人同时转动方向盘将赛车转向，那么他们就被视为打成平手。

这个故事虽然是虚构出来的，但是能够很好地反映现实中的很多问题。比如，两辆相向行驶的汽车遇到一起，谁也不肯让路的情况。这时，从博弈的赢利结构来看，对双方来说最优的策略就是双方采取一种合作态度选择转向。但实际情况却并非如此。因为如果两辆车都选择避让，结果将是两辆车同时转向，这显然无法让两辆车都顺利前进。所以一辆车转向而另一辆车避让才是最好的结果。也就是说，如果一个司机选择转向，则另一个司机选择向前最好；如果一个司机选择向前，则另一个司机选择转向最好。在这个博弈中，如果博弈参与者有一方是意气用事、做事不考虑后果的人，而另一方是足够理性的人，那么意气用事的人非常有可能获得这场博弈的胜利。

在商业领域，竞争的常见手段之一便是价格战。如果想要在价格战中获得最后的胜利，最简单的办法就是在价格战前期给对手以威胁，通过行动让其明白，你将不惜任何代价打败他。发生在上个世纪 70 年代的一场争夺速溶咖啡市场份额的斗争中，通用食品公司能够击败宝洁公司，采用的正是这一策略。

当时宝洁公司 Folger 咖啡的销售额在西部地区处于领先地位，而通用食品公司的 Maxwell House 咖啡占据东部大部分市场份额。1971 年，宝洁公司不满足于自己的市场份额，在东部的俄亥俄州大打广告，显示出其要在东部地区扩大影响力的倾向。面对宝洁公司咄咄逼人的气焰，通用食品公司很快就制定出策略，一方面大规模向俄亥俄地区投入广告，另一方面大幅度降价。Maxwell House 咖啡甚至降到了成本价以下。宝洁公司认识到，如果继续和通用食品公司纠缠下去，只会落得两败俱伤的结果，自己得不到任何好处。于是就放弃了在该地区的努力。

后来，宝洁公司在双方市场份额平分秋色的中西部城市休斯敦，通过增加广告以及降价的手段，试图逼走通用食品公司。通用食品公司毫不示弱，果断地采取措施对宝洁公司进行报复。最重要的是，它向宝洁传递出一个信号：谁想打垮我，我就和谁同归于尽。宝洁公司看到通用食品公司的态度如此蛮横和强硬，也就只得放弃通过价格战和广告战与通用公司争夺市场的企图了。

在这场商业战争中，通用食品公司所采取的策略与"胆小鬼博弈"中的选择"前进"是完全类似的。这是一种非常冒险的策略，但对于理性的对手而言，这种策略却十分实用。

人们去商场购物时，经常会与卖方进行讨价还价。当买主对一件东西十分中意打算购买，但价格却无法谈妥时，买主就可以采取"胆小鬼"策略：做出假装要离开的姿态，通过这个方式告诉卖方，我宁可不买，也决不妥协。在这种情况下，如果买主所出的价钱在卖方可以承受的范围之内，那么卖主就会做出让步。因为这样虽然他少赚了些钱，但总比没钱可赚要强很多。

第3节 斗鸡博弈的结局

在森林里，一只小兔子在山坡上吃草，鬣狗和狼同时发现了它。它们表面商量要采用前后夹击的方式一起抓捕小兔子，但实际上却各自心怀鬼胎，暗中盘算着将小兔子据为己有。

在鬣狗和狼采取行动时，机警的小兔子发现情况不对，赶紧向前逃跑。这时，等候在前面的鬣狗将小兔子击晕，然后叼着小兔子就要离开。狼拦住鬣狗，十分生气地说："咱们一起合围小兔子，现在得手了，你怎么能据为己有呢？"鬣狗看都没看狼一眼，十分傲慢地对它说："要不是我在前面把小兔子击晕，它早就逃走了，现在我将它据为己有有什么错？""要不是我绕到它后面去，你能抓住它吗？"狼理直气壮地说。

它们两个都认为自己有理，于是互不相让，争吵起来，最后竟然大打出手。结果它们谁都没有占到便宜，落得个两败俱伤的结局。此时，被击晕的小兔子苏醒过来，撒腿就跑。鬣狗和狼都已经累得筋疲力尽，根本没有力气去追小兔子了。

这个小故事就是一个斗鸡博弈中最终落得两败俱伤的例子。在斗鸡博弈中，对各自来说，最有利的结局便是对方后退，而自己坚守阵地。

在海上航行的船只会遇到这样一个问题：海面虽然辽阔，但航线却是固定的。所以，船舶在航行中会有很多机会遇到一起。对于两艘相向而行的船舶来说，谁进谁退的问题应该怎样解决呢？有时相会的两艘船舶可能来自不同的国家，所以就有必要约定一个大家都遵守的航行规则。如果不这样做会出现什么样的局面呢？下面让我们来看这样一个小笑话：

一艘夜间航行的军舰，在航行的过程中，舰长发现前方航线上有一丝灯光若隐若现。于是他立即呼叫道："对面船只，右转30度。"没想到对方回敬道："请对面船只左转30度。"这让舰长有些不悦，于是他警告对方说："我是美国海军上校，请马上右转30度。"谁知对方不但不听从命令，反而仍然用原先的声调回答说："我是英国海军二等兵，请左转 30 度。"舰长被对面的小士兵给气坏了，他再一次高声下达命令："我是美国海军'莱克星顿'号战列舰舰长，右转 30 度。"这时，对方语气平和地答道："我是灯塔管理员，请对面船舶左转 30 度。"

舰长的行为真是让人忍俊不禁。他以为凭借官衔大、武力强就可以横行无忌，但是，灯塔管理员可不吃他那一套。

要避免或减少海上两船相撞事件的发生，制定一些大家彼此都遵守的规则是非常有必要的，比如很多国家规定车辆靠右行驶。因此，人们制定了一个制度：迎面交会的船舶，彼此各向右偏转一点儿。如果船舶在十字交叉处交会，那么谁先看见对方船舶的左舷，谁就要先让，行驶速度慢一点或者将船舶偏右一点儿都可以。这种情况实际上就是"斗鸡博弈"中的两个"纳什均衡"中的其中一个。如果不制定这样的制度，那么船舶就会任意行驶，必然会出现斗鸡博弈中两败俱伤的结果。

下面再来看一个唐朝"牛李党争"的故事。

在唐朝后期，出现了统治阶级内部争权夺力的宗派斗争，史称"牛李党争"或"朋党之争"。"牛党"指以牛僧孺、李宗闵、李逢吉为首的官僚集团；"李党"是指以李德裕为首的官僚集团。牛党大多出身寒门，靠寒窗苦读考取进士，获得官职。李党大多出身于门第显赫的世家大族。两党在政治上存在着严重的分歧，特别是在选拔官僚的途径和对待藩镇的态度上，体现得更为明显。在朋党斗争的二十余年里，这两个党派斗争得异常激烈，几乎每年都上演着"上台"与"下台"的大戏。一旦李党当权，其党羽将会全部调回中央任职，而牛党党羽必然会遭到外调或者贬官的命运。等到牛党当权的时候，情况也大抵如此。

832年，李党重新当权。此时出现了一个能够使两个党派和解的大好机会。身为牛党的长安京兆尹杜棕建议李宗闵推荐李德裕担任科举考试的主考官，但是这个建议并没有得到李宗闵的同意。杜棕之所以会提出这个建议，是因为他看到出身士族世家的李德裕虽然总是对进士出身不以为然，但其实却非常羡慕这一名头。杜棕正是想用这个办法改善两个党派之间的关系，但是李宗闵却没有这样去做。杜棕一计不成又生一计，他建议李宗闵推荐李德裕担任御史大夫。这一建议得到了李宗闵的同意，但看得出来，李宗闵对此并非心甘情愿。杜棕把这件事告诉给李德裕，李德裕听后感激万分，惊喜不已。这件事如果办成，两个党派之间的关系一定会有所缓解，这对大唐的江山社稷、对双方成员来说都是一件好事。可是，杜棕没有想到，李宗闵听信小人谗言，改变了主意。李德裕知道结果后深感自己遭到了戏弄，所以对牛党更加憎恨。这也彻底葬送了两个党派和解的机会。从此以后，每一个党派都千方百计地想置对手于死地，于是大唐朝廷上演了一场场你死我活的政治战争。但是，他们斗来斗去最终只落得个两败俱伤的结果。

这种不计后果，最终导致两败俱伤的事情在商业领域也时有发生。现在很多同类企业为了争夺市场份额，经常用降价销售的策略吸引消费者关注。在2006年的第四季度，美国的AMD与英特尔两家电脑芯片生产厂商就上演了一场价格大战。

2006年，英特尔与AMD之间的竞争进入白热化。虽然AMD靠从英特尔手中夺走戴尔公司订单的手段取得了短暂的优势，但是还没等高兴劲过完，AMD 就遭到了当头棒喝。从芯片销量上来看，AMD 的三、四季度的销量同比都有很大的增长幅度，但是高销量并没有带来高利润，因为与竞争对手英特尔大打价格战，AMD 产品的平均价格不断下跌。反映到 AMD 2006 年第四季度的财政报告中的是，净亏损达 5.7 亿美元，平均每支股票的亏损就达到了 1.08 美元，与 2005 年第四季度的高赢利额相比，这一业绩简直惨不忍睹。这个结果是因为收购图形芯片商 ATI 的巨额支出和处理器价格的持续下滑双重影响造成的。

在与英特尔的价格大战初期，AMD 也曾风光无限。但是 AMD 咄咄逼人的市场攻势使英特尔受到很大影响，被惹急的英特尔于是迅速调整策略，放弃用户熟知的奔腾商标，启用新商标酷睿。此外，英特尔还进行了大规模的裁员，从而节省 20 亿美元的运营费。做出这些调整后，英特尔便开始通过降低电脑芯片价格与 AMD 展开了竞争。AMD 在英特尔的攻势面前败下阵来，营业额受到了严重影响，下滑幅度之大令人瞠目结舌。虽然英特尔在价格大战中击败了竞争对手，但其自身也没有获得好处。2007 年到来后，英特尔承受了巨大的竞争压力。而 2006 年第四季度的利润相比上一年同期也下降不少。此外，由于存货过多，所以只能将库存的旧款处理器处理掉，在这一点上，英特尔的损失也很严重。

从这场价格大战中可以看出，AMD 与英特尔都是输家，它们的销售业绩都受到了严重的影响。从事物的两面性分析来看，大打价格战虽然对企业扩大市场规模、提高市场占有率、促进企业在生产技术和管理方面的推陈出新等方面都很有利，但是，它对市场经济的有序发展和消费者的权益造成了严重危害。

这主要体现在以下几个方面：

第一，价格战会促使企业成本增加，影响企业发展，降低企业利润水平。

第二，价格战会带来消极的行业影响，不利于行业进步。

第三，不利于创造企业的品牌价值。比如高路华彩电，虽然在20世纪90年代有一个良好的发展势头，销量也非常可观，但在随后的价格大战中逐渐败下阵来，销售额持续走低，最终沦落到破产的境地。

第四，价格战会影响企业的可持续竞争力。

第五，价格战不能满足顾客的实际需求和消费方式的变化。

第六，不利于维护消费者的利益。价格大战使企业的利润下降，所以企业必定会千方百计地在节约成本上想办法，这样就会导致劣质产品充斥市场的局面出现，结果最终受害的还是消费者。

事实上，参与价格战博弈的双方是无法一下子就将竞争对手打败的，从表面看有输有赢，但失败者还会继续垂死挣扎，而胜利的一方也会遭受重创，需要时日进行调整。所以，从斗鸡博弈的利益择优策略来看，如果双方都选择拼命进攻，不肯让步，则只能是两败俱伤。在这个方面，西方政坛上"费厄泼赖"式（英语 Fair Play 的音译。意思是光明正大的比赛，不要用不正当的手段，胜利者对失败者要宽大，不要过于认真，不要穷追猛打）的宽容很值得学习。这种宽容会对对手网开一面，避免把对手逼入死角。这不仅是一种感性和直观的认识，而是有着博弈论的依据。

第4节 学会见好就收

见好就收是一个明智的博弈者必须时刻谨记的一个重要原则。无论他面对的对手是谁，双方实力对比如何，但这个原则在开始行动之前必须牢牢记住。一个成熟、明智的博弈者必须事先对博弈的最坏结果有所估计，不断告诫自己，遇到失败要马上退出，以保存实力。在双方势均力敌的情况下，迫使对手让步可能会给人带来无比的愉悦和刺激，但是人外有人、山外有山，有些时候需要见好就收。

春秋时代，周朝逐渐衰微，周天子的势力范围越来越小，各地的诸侯为了争夺领土和利益，纷纷发动战争，强者成为诸侯的盟主。当时总共产生了五位盟主，史称"春秋五霸"，齐桓公就是五霸之一。齐桓公打着"尊王攘夷"的旗号，为几个弱小的国家提供帮助，在中原地区的威望一天天大起来。但是南方的楚国，凭借地理位置的优势和强大的军事力量，不但不服齐国，还跟齐国对着干。更让齐国无法忍受的是，楚国还向齐国的盟友郑国发动进攻。在齐桓公的组织下，鲁、宋、陈、卫、郑、许、曹与齐国联合南下，准备攻打楚国。楚国见八国大军压境，形势对自己十分不利，于是就派使臣屈完与齐桓公进行和谈。

与齐桓公相见后，屈完问："我们住在南海，你们住在北海，两地相隔千里，风马牛不相及。不知你们此次前来所为何事？"管仲当时就在齐桓公身边，他听过屈完的话后回答说："从前，周王让召康公传令给我们的祖先太公，说五等侯九级伯，如有不守法者，无论在哪里，你们都可以前去征讨。现在楚国竟敢公然违反王礼，不向周王进贡用于祭祀的物品。还有前些年昭王南征途中遇难，你们也逃脱不了干系。此次我们来到这里，就是要你们对这件事情做个交代。"屈完回答说："我们确实不该多年不向周王进贡包茅。但是，昭王南征未回是因为战船沉没在汉水中，与我们又有什么关系？你们要兴师问罪不应该来找我们，而应该去找汉水啊。"

齐桓公见屈完思维敏捷，言辞犀利，不能与他做口舌之争，于是就向他炫耀自己的兵力。齐桓公指着浩浩荡荡的军队，趾高气扬地说："这是一支多么威武的军队啊。如果用这样的军队去打仗，必定是无坚不摧、无往不利！试问天下有哪个国家能够抵挡得住这样的军队？"屈完非常平静地回答说："如果用仁德来安抚天下诸侯，天下诸侯都会欣然听命于你。如果想凭借武力让诸侯屈服，那么我们楚国可有方城山为城，有汉水为池，城高池深，你的兵再勇猛又能奈之如何？"这场战争最终双方以和谈收场。中原八国诸侯和楚国一起在昭陵订立了盟约，楚国表面上承认了齐国的霸主地位，之后各诸侯国都班师回国了。

在这场斗鸡博弈中，齐国和楚国分别选择了一进一退的策略，实现了双方利益的最大化。对两个国家来说，这无疑是最好的结果。对于齐国来说，它的实力虽然比楚国强一些，但又没有绝对把握能够打败楚国，所以一旦两国交战，谁胜谁负还很难说。也正是这个原因，所以齐国才会采取见好就收的态度，与楚国签订和约。

拿破仑为了实现征服欧洲的野心，精心组织大军不宣而战，打响了与俄国的战争，并很快占领了莫斯科。在国家危难存亡之际，老帅库图佐夫临危受命，担任俄军总司令之职。拿破仑和库图佐夫并不陌生，他们在五年前就有过交手的经历。只是当时他们双方势均力敌，而目前时移事易，强大的拿破仑占据着很大的优势。两国军队在博罗委诺村附近展开了一场血战，战斗惨烈至极，整整持续了一天一夜。最后还是拿破仑取得了这次战斗的胜利。俄军丢了阵地，只得选择撤退。虽然这一仗败在拿破仑手下，但是库图佐夫并没有丧失斗志。通过对形势和双方的实力对比进行分析，他发现，有两个因素对俄罗斯有利。一是虽然拿破仑占领了俄军要塞，但实力已被明显削弱，拿破仑的军队将不会再大举进攻。此外，法军深入俄罗斯内部孤军作战，后备给养得不到及时的补充，打持久战对他们来说相当不利。基于这两点，库图佐夫冒天下之大不韪，决定暂时放弃莫斯科。他的这个决定遭到了全体俄罗斯人民的反对，尽管如此，可是他还是愿意这样去做。这是因为，他坚定地认为，如果非要坚守莫斯科，很可能会付出全军覆没的代价。库图佐夫下令俄军撤退，一边撤一边将城中所有的物资付之一炬，只留给法国军队一座空城。

拿破仑虽然得到了莫斯科，但其实得到的只是一座一无所有的空城。后来，孤军深入的法军因为饥饿和寒冷，逐渐丧失了斗志。拿破仑纵然打仗再出神入化，对此也是一筹莫展。于是他只得命令军队撤出莫斯科。这正好给了俄罗斯军队报仇的机会，一场恶战打得法军全线溃败。这场战役成了拿破仑一生中最大的败笔。拿破仑的失败存在着多方面的因素，但是从博弈的观点来看，在这场战争中，如果他能够做到见好就收，然后等待后续部队的支援，那么法军一定不会遭到惨败。

2004 年 12 月发生了一起继巴林银行破产之后最大的国际投机丑闻。在新加坡上市的中国航油（新加坡）股份有限公司因为从事投机性石油衍生品交易导致巨额亏损。当年第一季度国际市场油价攀升使中航油在期货市场上的损失很大，这个势头并没有得到遏制，反而继续延伸下去。到 6 月时，中航油的亏损值已经从 580 万美元扩大到 3500 万美元。有关方面担心中航油会在亏损中灭亡，所以纷纷下达追加保证金的通知。但是在残酷的现实面前，当时的中航油新加坡公司总裁陈久霖却失去了理智，为挽回损失，他一意孤行地继续加大交易量，同时还将期权的合约向后推延。他的这些举动彻底把中航油送上了绝路，2004 年 11 月底，中航油不得不宣布被迫向法院申请破产保护。

其实，世界风险评估机构标准普尔公司曾经指出，在危机初露端倪之时，中航油只需要 5000 万美元就能够成功化解这场风险。但是中航油新加坡公司总裁陈久霖一心想要挽救损失，结果却造成了更大的损失。当时他不是没有认清形势，而是不肯付出 5000 万美元的代价。其实 5000 万美元的代价使中航油得到保全，是一笔非常划算的买卖。虽然需要付出一定代价，但是对中航油来说仍是最好的选择。可是，陈久霖做不到见好就收，结果彻底搞垮了中航油，制造出一个国际性的投机丑闻。

对于个人来讲，在竞争日益激烈的现代社会，如果你在某一领域与势均力敌的对手狭路相逢，没有十足的把握获胜，那么，就应该学会见好就收，不要与对手硬拼。

第十章
协和博弈

第1节 协和谬误：学会放弃

20世纪60年代，英法两国政府联合投资开发大型超音速客机——协和飞机。这种飞机具有机身大、装饰豪华、速度快等很多优点，但是，要想实现这些优点，必须付出很高的代价——仅设计一个新引擎的成本就达到数亿元。英法两国政府都希望能够凭借这种大型客机赚钱，但是研究项目开始以后，他们发现了一个很严重的问题——如果要完成研发，需要不断地投入大量金钱。另外，就算研究成功，也不知道这种机型能否适应市场的需求。但是，如果停止研究，那么以前的投资就等于打了水漂。

在这种两难的选择之下，两国政府最后还是硬着头皮研制成功了。这种飞机投入市场以后，暴露出了很多缺点，如耗油量大、噪音大、污染严重、运营成本太高等等，根本无法适应激烈的市场竞争，因此很快就被市场淘汰了，英法两国也遭受到了很大的损失。其实，在研制协和飞机的过程中，如果英法政府能及时选择放弃，他们就能够减少很大的损失。但令人遗憾的是，他们并没有那样做。最后，协和飞机退出民航市场，才使英法两国从这个"无底洞中"脱身。

博弈论专家由此得到灵感，把英法两国政府在研究协和飞机时"骑虎难下"的博弈称为"协和谬误"，当人们进行了一项不理性的活动后，为此支付的时间和金钱成本，只要考虑将这项活动进行下去所需要耗费的精力，以及它能够带来的好处，再综合评定它能否给自己带来正效用。像股民对股票进行投资，如果发现这项投资并不能赢利，应该及早停掉，不要去计较已经投入的精力、时间、金钱等各项成本，否则就会陷入困境之中。在博弈论中，这种现象就被称为"协和谬误"，也称"协和博弈"。

下面让我们看几个协和谬误的事例。

有个姓王的农村小伙子，总希望自己能够发财致富，过上好日子。某天他看电视时看到了关于彩色豆腐机发家致富的广告，他觉得是个好机会，于是就跑到北京进行实地考察，之后便以 3 万元的价格在某公司订购了一台彩色豆腐机，并交了 1000 元的押金。那家公司还有一条规定，想学生产技术需要交 1 万元学习费用，这笔钱全部交齐机器就会运送到顾客家里。王某当时正处于兴奋的状态之中，所以就凑了 1 万块钱，交给那家公司。可是，王某在学完技术之后就后悔了，因为通过已经购买这种机器的用户反应和市场考察发现，这种机器做出来的彩色豆腐并不像广告说的那样深受广大百姓喜爱。还有，农村市场有限，根本就无法养活这样一台豆腐机。

此时的王某处于进退两难的境地：如果这时候选择放弃，那么 1000 元的押金和 1 万元的技术费就白花了；如果不放弃，那就需要支付另外的 1.9 万元钱才能买来豆腐机，而且以后的经营情况会是什么样子谁也不知道。王某把这个问题翻来覆去考虑了很久，最后他想到：我辛辛苦苦赚来的 1 万块钱就这么扔了吗？既然已经花了 1

万块钱，就算再搭进去1万多块钱又能怎样呢？况且，或许自己把彩色豆腐的前景估计得过于悲观了，以后这种彩色豆腐说不定会很受欢迎。正是出于这样的想法，王某最后还是交了那笔钱，把彩色豆腐机拉回家了。可是结果并不像他想象的那样，这种机器加工的彩色豆腐存在着很多缺陷，味道更是没法与传统手工制作的豆腐相比，所以很少有人买。此外，这种机器还特别费电，王某最终无法继续经营下去，只能选择停产。

小李十分酷爱健身，当看到一家健身俱乐部的广告后觉得很有意思。亲自去俱乐部参观后，他认为俱乐部的环境和设施都还不错，于是就想成为这家俱乐部的会员。在向健身俱乐部付了一笔会费后，他从医生那里得到了一个十分不好的消息。医生告诉他在这段时间内不适宜剧烈运动。这下该怎么办呢？小李内心很矛盾：如果听从医生的劝告，不做剧烈的运动，那么交给健身俱乐部的那笔钱不就白交了吗？可是，如果不听医生的话，冒着身体的痛苦继续运动，可能会给自己的健康带来损失。为了不使会员费变成一笔巨大的损失，小李最终还是坚持去俱乐部健身，结果健身不但没有起到应有的效果，他的健康状况也出现了很大的问题。

小张夫妇有一个乖巧可爱的小女儿，他们对孩子的未来非常重视，为了孩子能有一个好的未来，小张夫妇花了1万多块钱给女儿买了一架钢琴。但是，他们的女儿生性活泼好动，对钢琴一点兴趣也没有。这下可急坏了小张夫妇，自己用省吃俭用节约下来的钱给女儿买钢琴，希望她长大以后能够成为艺术家、名人，可是孩子却一点也不能体谅父母的良苦用心。虽然女儿不喜欢弹钢琴，但是价值不菲的钢琴已经买回来了，总不能白花那一大笔钱，让钢琴成为家里的摆设吧。于是，小张想到了请个音乐学院的钢琴老师给女儿当家教的办法。与妻子商量后，妻子也觉得这个办法不错。后来通过熟人介绍，他们请来了一位音乐学院的老师来教女儿，但可惜的是，这个办法仍然无法引起女儿对音乐的喜爱，他们为了请家教所花的几千块钱也都白花了。

以上是几个发生在我们身边的事例，下面再让我们来看一下战争中的有关协和谬误的事例。

21世纪初，美国总统小布什下令发动了伊拉克战争。在战争中，美国虽然凭借强大的武力很快就把萨达姆政权给推翻了，但是，在长达数年的伊拉克重建过程中，驻伊拉克美军经常会受到袭击，有时甚至是自杀式爆炸，这使美军伤亡惨重，损失相当大。另外，很多与美军有关的虐囚、屠杀和暴力等事件使美国在伊拉克战争中失去民心，"中东计划"也都随之流产。所以说，美国虽然在伊拉克战争中取得了胜利，但是一系列战争的后遗症又使美国损失严重。从总体来说，美国的战争是失败的。

美国在越南战争中同样犯了在伊拉克战争中的错误。1961年5月，美国向越南派遣了第一支特种部队，以达到其支持南越吴庭艳对抗由胡志明领导的北越，阻止国际共产主义政权发展的目的。这件事使美越两国的战争正式拉开帷幕，后来美军又不断将战斗部队投入越南境内。

虽然美国从参战人员的个人素质、武器装备等方面来说都占据着优势，但战争的过程和结果并不像人们想象的那样。美国几届总统在任期间都一直关注着越南战争的局势，并不时地派兵增援，截止到1966年8月，驻守在越南的美军人员达到了42.9万，但是北越军民没有被美军的强大气焰所吓倒，他们因地制宜，不断利用游击战偷袭美军，使美军不胜其扰。此时，如果美国选择退兵，就不会再继续损失下去，可是，已经投入了大批的人力物力，如果不能打败越南，先前的投入都将会白白浪费。正是这种心态使美国陷入越南的"泥潭"之中难以自拔，最后造成了巨大的损失。

肯尼迪执政后，美国国内的反战浪潮一浪高过一浪，美国只得逐步从越南撤军，到1975年4月底才完全撤出。美军撤走以后，北越便将美国驻西贡大使馆和南越总统府攻陷。据统计，在越南战争中，伤亡的平民人数达到500万之多。美国虽然从越南"光荣地撤退"，但损失也非常大。越战是美国历史上持续时间最长的战争，在双方战争的十多年里，美国伤亡人数超过30万，另外还有2000多人失踪，耗费的财物超过2500亿美元。更为严重的是，这起事件成了美国在"冷战"策略上的重大失误，美苏"冷战"的格局也受到重大影响，美国逐渐由攻势改为守势，而苏联则由守势转为攻势。除了这些影响之外，美国国内的种族、民权等方面的矛盾也因此被激化。

通过上面的事例可以看出，协和谬误具有这样的特点：当事人做错了一件事，明知道自己犯了错误，却死活也不承认，反而花更多的时间、精力、钱财等成本去挽救这个错误，结果却是不但浪费了成本，错误也没有挽回。这也正是人们常说的"赔了夫人又折兵"。

第2节 不做赔本的事

赫胥雷弗教授在他的《价格理论与应用》中，对英国作家威廉·萨克雷的名作《名利场》中女主角贝姬的表白"如果我一年有5000

英镑的收入，我想我也会是一个好女人"，出过一个思考题。

赫胥雷弗教授指出，如果这个表白本身是真实的，也就是贝姬受到上帝眷顾，每年有5000英镑收入的话，在别人看来她就真的变成一个好女人，那么，人们对此至少可以做出两种解释：一是贝姬本身是一个坏女人，而且也不愿意做一个好女人，但是如果有人每年给她5000英镑作为补偿，她就会为了这些钱去做一个好女人。二是贝姬本身是个好女人，同时她也想做一个好女人，但是为生计所迫，她只能做一个坏女人。如果每年有5000英镑的收入，她的生计问题就能够得到解决，她也就会恢复她好女人的本来面目。

这两种可能，究竟哪一个符合实际？人们如何才能做出正确的判断呢？怎样才能知道贝姬本性的好坏呢？为了能够获得正确答案，需要先摒弃来自道德方面的干扰，之后再进行判断。比如把"做好女人"看作某种行为举止规范或者必须遵守的限制，就很容易得到答案。

贝姬为"做好女人"开出的价码是5000英镑，如果5000英镑是一笔小钱，说明她认为"做好女人"的成本不高，也就是说她只要能够得到维持生计的钱就会做"好女人"；如果5000英镑不是一笔小钱，而是一笔巨款，就说明她认为"做好女人"的成本很高，非用一大笔钱对她所放弃的某种东西进行补偿不可。

这时，最重要的问题就变为判断5000英镑究竟算是巨款还是小钱。从当时其他有名的文学作品中可以看出，一个女人维持生计只需要100英镑的年金就足够了。所以说，贝姬开出的5000英镑绝对不能算作一笔小钱。

在讨论贝姬到底是不是好女人时，我们运用了成本这一概念。

在经济学中，成本指为了得到某种东西而必须放弃的东西。在日常生活领域，成本指我们所做的任何选择必须为之付出的代价。因为成本的构成非常复杂，种类也异常繁多，所以我们并不能简单地把"成本"与"花了多少钱"画等号。

比如有人周末去香山公园看红叶，看红叶的成本不仅指买门票所花掉的钱，它还包括其他内容，比如去香山的车费和为了看红叶而花掉的时间。此外，因为是利用周末的时间去香山看红叶，这也就意味着，在这段时间无法去做其他的事情，比如去看一场电影，或者去打一场球赛，这都是看红叶所包含的成本。

成本除了具有构成复杂、种类繁多的特点之外，有时还会让人捉摸不透，难以计算。这是因为，它是一项漫长的付出过程，而并非一次性付清。比如说买一本书，根据书的内容与价钱进行对比，人们立刻就能计算出买这本书是否合算。可是结婚就迥然不同。也许新婚燕尔之际，你会认为你的另一半是如此完美，你与他（她）走完今后的人生将是你最大的幸福，他（她）值得你付出所有。可是共同生活了一段时间之后，情况就会有所不同。他（她）的许多缺点暴露无遗，令你无法忍受，这时你就会认为为他（她）付出如此高昂的代价根本就不值得。但是这场婚姻已经令你投入了钱财、感情、时间等太多的成本，这时，你就会有很多顾虑，继续维持这段婚姻会让你的人生苦不堪言，而如果选择离婚，那你所投入的成本就会白白浪费。

中国古代著名的军事著作《孙子兵法》，就曾对成本进行过讨论。在《作战篇》中，开篇讨论的并非战略或战术问题，而是计算一次军事行动的成本，包括人力和物力的投入。

孙子曰：

"凡用兵之法，驰车千驷，革车千乘，带甲十万，千里馈粮。则内外之费，宾客之用，胶漆之材，车甲之奉，日费千金，然后十万之师举矣。

"其用战也，胜久则钝兵挫锐，攻城则力屈，久暴师则国用不足。夫钝兵挫锐，屈力殚货，则诸侯乘其弊而起，虽有智者不能善其后矣。故兵闻拙速，未睹巧之久也。夫兵久而国利者，未之有也。故不尽知用兵之害者，则不能尽知用兵之利也。

"善用兵者，役不再籍，粮不三载，取用于国，因粮于敌，故军食可足也。国之贫于师者远输，远输则百姓贫；近师者贵卖，贵卖则百姓财竭，财竭则急于丘役。力屈中原、内虚于家，百姓之费，十去其七；公家之费，破军罢马，甲胄矢弓，戟盾矛橹，丘牛大车，十去其六。故智将务食于敌，食敌一钟，当吾二十钟；萁杆一石，当吾二十石。故杀敌者，怒也；取敌之利者，货也。车战得车十乘以上，赏其先得者而更其旌旗。车杂而乘之，卒善而养之，是谓胜敌而益强。

"故兵贵胜，不贵久。

"故知兵之将，民之司命。国家安危之主也。"

通过这篇文章可以看出，打一场仗（无论正义与否）要耗费相当庞大的财力、物力以及人力资源，所以从敌人那里获取给养就显得非常重要。而且，这样做还能够提高敌人的战争成本，使敌人陷入被动。所以，战争成本是战争中不得不考虑的一个重要问题。

其实，在解决国际争端方面，谈判要比战争有效得多。这是因为，谈判的成本比战争的成本低。阿拉伯国家就是因为没有考虑到战争成本，不明白战争会造成严重的冲突、伤害和仇恨，所以才会酿成这一悲剧。

古代兵法有"坚壁清野"的战术，在现代军事史上也有"焦土政策"一说。"坚壁清野"指采用使敌人攻不下据点，又得不到任何东西的措施，是对付优势敌人入侵，一种困死、饿死敌人的作战方法。"焦土政策"是指在战争期间，一方由于战势对自己不利而打算撤退时，彻底摧毁本土的建筑设施、有用资源等不动产，不给对手留下任何有价值的东西，同时断绝自己的后路。

这两种策略具有一个共同点，即尽最大努力使对方无法从战争中获得补偿，也就是提高对方的战争成本。尽管这种战略会给自己造成很大的损失，但在某些特殊时刻，这也算得上是一种有效的策略。而且，这一举措也明确地告诉对方，我要和你血拼到底，为此我宁愿做出任何牺牲，你不要指望从我的屈服中获得什么好处。

"焦土政策"不仅在现代战争中有所运用，在市场竞争中同样被很多企业使用。在市场竞争中，"焦土政策"指的是竞争处于劣势的公司，通过大量出售公司的有形资产，或者破坏公司的无形资产的形式，使实力强大的蓄意收购者的收购意图受到毁灭性的打击。国美和永乐等家电销售连锁企业就曾运用"焦土政策"，彻底粉碎了家电巨头百思买的收购计划。

国美、永乐、五星、苏宁、大中是在中国具有影响力的大型家电销售连锁企业。百思买1966年成立于美国明尼苏达州，是全球最大的家电连锁零售商。在成功收购江苏五星后，百思买以控股五星电器的方式吹响了向中国家电市场进军的号角。面对着全球家电老大百思买发出的进军中国的宣言，刚刚成为一家人的国美与永乐决定"先下手为强"，运用"焦土政策"策略，在百思买尚未采取实质性的行动之前，给它以致命一击。

国美与永乐很快就宣布，要在北京市场发动连续的市场攻势，将北京家电市场的门槛提高，借此迫使百思买知难而退，彻底放弃北京市场。国美与永乐很快就打响了零售终端联合作战的第一战。同时，这也是国内家电零售市场上连锁巨头首次在采购、物流、销售上的联合作战。这一战役不仅是要打消百思买进入北京市场的野心，而且要实现真正意义上的消费者、厂家、商家三方共赢。这次价格大战一改过去单一压低供应商进价，从而制造低价的做法，致力于整合供应链价值，使供应链效率提升，从而实现真正的利润优势。打价格战并不是国美与永乐这次行动的主要目的，其主要目的是通过价格战，提前将北京、上海等家电市场变成"焦土"，从而将市场门槛抬高，令百思买不战而退。最终，国美与永乐通过"焦土政策"实现了目的，吓退了百思买，保住了其在中国家电销售连锁企业的龙头地位。

一般来说，"焦土政策"的作用有两方面：第一，把可能要属于对手的东西破坏，使对手的行动成本增大；第二，向对手显示自己决不妥协的立场。

大多数人做事的时候，不会把自己逼上绝路，而是给自己留下一条后路。这已经成为一种固定的习惯思维。但是，这种习惯思维在充满着逻辑和悖论的博弈论世界里并不成立。

选择这样的"破釜沉舟"的策略，会给人带来意想不到的好处。这是因为，对手对你以后可能采取行动的预期被你彻底打乱，而你就能够充分利用这一"信息不对称"，使自己在博弈中获得好处。

第3节 每一件事情都有成本

有一道用来测试参与者是乐观还是悲观的问题是这样的：有两箱苹果，其中一箱非常新鲜，而且外观漂亮、又大又圆；而另外一箱因为放置的时间过长，有一些已经变质。面对这两箱苹果，你会选择先吃哪箱？

回答这个问题的人很多，答案也是五花八门。在诸多答案中，有两种吃法最为普遍：第一种是先吃最好的，吃完好的再吃不好的。另一种是先吃不好的，把烂的部分削掉，吃完不好的之后再吃好的。第一种吃法通常无法将苹果全部吃掉，因为吃到最后，烂苹果会越来越多，有一些可能烂得无法再吃了，只能扔掉。这种吃法会造成一定程度的浪费，但也有其益处——吃到了好苹果，享受到了好苹果的滋味。第二种吃法是先从烂苹果吃起，这种吃法会使人经常吃烂苹果，因为等把面前的烂苹果吃完的时候，原本好的苹果又会因为搁置的时间过长而变烂。测试结果表明：选择第一种吃法的是乐观的人，后一种是悲观的人。

参加这个游戏的人都能够对自己的选择做出合理的解释。同时，还会对别人的选择提出质疑，比如选择第一种吃法的人就会觉得最重要的是要享受好苹果的味道，扔掉几个苹果没有关系；而选择第二种吃法的人会觉得前者容易造成浪费。

其实，这两种吃法都有各自的道理。在实际生活中，人们经常会根据自己的标准选择先吃哪种苹果。但是，人们做出的选择能透露出这个人的性格和心理。经济学上的理性人更倾向于第一种吃法。他们认为，吃苹果以品尝味道、吸收营养为主要目的，从这个角度考虑，第一种吃法比较理性。用经济学的语言来说就是，这种吃法的机会成本相对较小。

机会成本是经济学中的一个重要术语，是一种非常特别的，既虚又实的一种成本。它是指一笔投资在专注于某一方面后所失去的在另外其他方面的投资获利机会，也指为了得到某种东西所必须放弃的东西，也就是在一个特定用途中使用某种资源，而没有把它用于其他可供选择的最好用途上所放弃的利益。机会成本是因选择行为而产生的成本，所以也被称为选择成本。

为了说明机会成本的概念，萨缪尔森在其《经济学》中曾用热狗公司的事例进行阐述。热狗公司的所有者每周工作 60 小时，但不领取工资。到年末结算时，公司获得了 22000 美元的利润，看起来比较可观。但是，如果公司的所有者能够找到另外其他收入更高的工作，使他们所获年收入有所增长，达到 45000 美元。那么这些人所从事的热狗工作就会产生一种机会成本，它表明因为他们从事热狗工作而不得不失去的其他获利更大的机会。对此，经济学家理解为，如果用他们的实际赢利 22000 美元减去他们失去的 45000 美元的机会收益，那他们实际上是亏损的，亏损额是 45000 - 22000 = 23000 美元。尽管表面上看他们是赢利了。

人们愿意做这件事而不做那件事，就是因为他们认为这件事的收益大于成本。但是当这种事情很多时，这时就需要做出选择。有些选择在生活中比较常见，比如是玩游戏还是读书、在家里吃饭还是去外面吃饭、看电视时是看体育比赛还是看电视剧，等等。这些事情因为不太重要，所以我们不用慎重考虑就能够做出决定。但是有一些事，选对与选错的收益相差非常大，这时人们就不得不慎重考虑。如果没有选择的机会，就不会有选择的自由。然而很多可供选择的道路摆在人们面前时，选择某一条道路的机会成本就会增大，这是因为，在人们选择某一条道路时，也就意味着放弃了其他的机会。机会成本越高，选择就越困难。

在经济学看来，人的任何选择都有机会成本。机会成本的概念表明，任何选择都需要付出代价，都需要放弃其他的选择。这正如哈佛大学经济学教授曼昆在著名的《经济学原理》中所说："一种东西的机会成本，就是为了得到它所放弃的东西。当做出任何一项决策，如是否上大学时，决策者就应该对伴随每一种可能行动而来的机会成本做出判断。实际上，决策者通常对此心知肚明。那些到了上大学年龄的运动员如果退学而从事职业活动就能赚几百万美元，他们认识到，他们上大学的机会成本极高。他们就会认为，不值得花费这种成本来获得上大学的收益。这一点儿也不值得奇怪。"

有些人不愿意放弃任何东西，对于这类人来说，让他们自己选择相当于让他们承受痛苦。因此，他们宁愿没有选择的权利，因为没有选择也就没有痛苦。正是因为这样，他们做出的选择常常会带有逃避性质。这一点会严重制约他们人生的发展。任何事情，包括那些值得做和不值得做的，都会对人产生作用和影响，使其生命从一项单纯的偶然行为，逐渐演变为有规律的活动。人们在做某件事情一段时间之后，通常会说："既然我们已经做这么久了，那我们不应该让它消失。"这样做的结果最终会导致要为此付出代价，这件事情花费的时间越长，涉及的范围越大，代价也就越大。

第4节 羊毛出在羊身上

在人才市场上，存在着这样一种现象：北大的一般毕业生和其他一般学校的拔尖学生一起去求职，尽管他们学的是同样的专业，水平或许相差也不大，但是，大多数用人单位会选择前者而不选择后者。其实，前者的水平并不一定比后者高，但用人单位为什么大多会对前者趋之若鹜，而对后者置若罔闻呢？

由于各所学校的评分标准不同，各所学校提供的学习成绩单并不能够成为用人单位对学生进行评估和比较的标准。在这种情况下，用人单位为了获得更为优秀的人才，只能将社会对毕业学校的认识和统计结果作为选择学生的标准。在这一点上，北京大学毕业的学生就占据了巨大的优势。

这种现象在不同的场合、不同的领域都可以看到。比如有一对年轻人为结婚去家电商场选购一款冰箱。他们发现，同为三开门218L的冰箱，有的卖3000多元，有的只卖1000多元。虽然价格方面差异悬殊，但是，更多人不愿意购买价格便宜的，反而更钟情于价格高的名牌产品。他们对这个现象很不理解，于是就向对家电行业比较了解的一位朋友请教。朋友告诉他们，其实国内家电质量都差不多，使用寿命也不存在太大的差异。洗衣机、电视机如此，冰箱也不例外。听了朋友的解释后，这对年轻人更加不解。这到底是怎么回事呢？其实，最主要的原因是大多数人信赖品牌，因为品牌能够让人用着放心，而且在售后服务方面也更有保障。

很多消费者追求名牌也是同样的理由。但是，这个理由并不是放之四海而皆准的。还以冰箱为例，人们对冰箱质量的认识，并不是通过实践得来的。冰箱不同于日常低值易耗品，不需要经常更换，一般来说，购买一台冰箱可以用几年甚至十几年的时间。正是这个原因，使人们无法积累感性经验。居民的购买行为大多受到各种媒体以及亲朋好友的影响。名牌产品一定会在各种媒体上大打广告，人们无法不受其影响，这时，亲朋好友也受到广告的影响，他们对购买者进行口碑相传，于是就会造成消费者信赖名牌、购买名牌的现象。

在经济领域，这种并非由产品质量而是由其他因素引起的排斥现象被称为歧视。当歧视将某些团体的工作努力和人力资本投资激励扭曲的时候，它就会对经济造成极大的伤害。歧视的损害效果体现在很多方面，但对商品和劳务的供给者而言，影响最为严重。他们花同样的成本，生产出同样质量的产品，卖出去的价格却无法与那些名牌相比，更可悲的是，很多时候他们的产品根本就卖不出去。

歧视同样对购买者不利。商品的歧视迫使那些受到歧视的企业为宣传自己的产品，把大量的精力和费用投入做广告上面，因此造成企业成本大大增加。如此一来，企业的品牌虽然建立起来了，但它们为建立品牌所付出的成本都转嫁到消费者身上。这也正是名牌产品比普通产品价格更高的原因。

对于企业而言，建立名牌还有一个重要的益处，就是企业与消费者达到一种伙伴关系，赢得顾客的忠诚，使消费者长久地保持购买的欲望。这已经成为在激烈竞争的市场环境中，企业生存与发展的必然选择。

许多企业为留住老顾客和吸引新顾客，所使用的一种重要营销手段就是大力培养顾客对品牌的忠诚度。如果产品的质量能够得到保障，那么品牌忠诚度就会成为一个名牌的基本要素。一个名牌成功的根本，主要来源于消费者对品牌的忠诚、信赖和不动摇。如果一个品牌缺乏忠诚度，那么一旦发生突发事件，消费者就会停止购买这个品牌产品。可口可乐公司污染事件并未影响到中国消费者对该产品的信心，而雀巢等洋品牌奶粉被消费者冷落就能够很好地说明这个问题。

1999 年 6 月 10 日，从比利时开始，欧洲爆发了可口可乐污染事件。这起事件最早源于比利时小镇博尔纳的一所小学。6 月 10 日，这所学校的学生们觉得可口可乐喝起来味道非常奇怪，校方对此未加注意，导致这所学校的 50 多名学生接二连三地发生了腹泻和胃痛等不适症状。6 月 15 日，比利时全国有 150 名儿童因为饮用了可口可乐软饮料而出现同样的不适症状。面对此事，比利时政府大惊失色，当即下令全面禁售可口可乐产品，连可口可乐旗下的"雪碧"和"芬达"都未能幸免！当天晚上，比利时卫生部紧急宣布，通过对住院孩子进行抽血化验，以查明事情原委。化验的最终结果表明：有些孩子有溶血现象。不过，比利时卫生部长告诉广大消费者不要太紧张，但同时批评可口可乐公司在事发后缺乏合作诚意。很多激进的消费者甚至呼吁抵制所有的可口可乐饮料。很快，卢森堡、荷兰也发现了受污染的可口可乐产品，于是两国政府随即下令从商店里撤下所有的可口可乐产品，等待可口可乐公司做出进一步解释。荷兰政府下令，所有产于比利时的可口可乐产品必须立即从荷兰境内的货架上撤下；严禁从比利时进口任何可口可乐产品；买了比利时生产的可口可乐的顾客可以退货。6 月 16 日，韩国也做出反应。韩国食品与药品管理局正式宣布，立即组织对在韩国境内销售的所有可口可乐产品进行抽查，确定其是否受到污染。韩国有关部门将检查"可口可乐韩国公司"生产产品的八项指标，其中包括气压、碳酸铅含量和细菌密度等。

随着各国政府不断发出禁令，污染事件越闹越大。在严峻的形势面前，可口可乐公司积极做出回应。先是在得到比利时政府提供的患者初步化验报告后，立即组织专家进行研究。与此同时，比利时的可口可乐公司将250万瓶可口可乐软饮料紧急收回。

在比利时，可口可乐有着很高的品牌信誉度，自1927年在比利时开设了分厂之后，这个国家平均每天喝掉的可口可乐达到100万瓶。随着事件的影响不断扩展，纽约股市上可口可乐的股值每股下跌了1美元。在之前，亚特兰大可口可乐总公司的黑人雇员就指控可口可乐公司搞种族歧视，并且把公司推上了法庭，对可口可乐的形象造成了极坏的影响，公司海外业务的开展也受到了严重的威胁。如今，又发生了污染事件，可口可乐公司真可谓是祸不单行。

尽管可口可乐污染事件在世界范围内闹得沸沸扬扬，但在中国，可口可乐公司的23个工厂和销售都没有受到影响，一起产品质量投诉也未发生，更没有发生任何退货现象。

其实，在可口可乐污染事件发生之前，还发生过一件影响极大的污染事件。1999年春天，比利时、荷兰、法国、德国相继发生因二噁英污染导致畜禽类产品及乳制品含高浓度二噁英的事件。二噁英一种有毒的含氯化合物，是目前世界已知的有毒化合物中毒性最强的。它的致癌性极强，还可引起严重的皮肤病，甚至伤及胎儿。这一事件发生后，世界各国纷纷下达禁令，全面禁止进口北欧四国的肉、禽、蛋、乳制品。中国卫生部也于6月9日紧急下令，禁止国内各大场家销售欧盟四国 1999 年 1 月 15 日以后生产的受二噁英污染的肉、禽、蛋、乳制品和以此为原料的食品。

很快，中国各大商场销售的雀巢、安怡、雅培等洋品牌的奶粉变得无人问津。尽管雀巢公司多次向消费者做出解释，宣称他们的产品与"二噁英"没有任何关系。但是，消费者仍然不买账，坚决拒绝购买雀巢的产品，从而使雀巢产品的销售额一跌再跌。

同样对消费者的健康构成严重的威胁，但是可口可乐在中国的销售丝毫没有受到影响，而雀巢等洋品牌却被消费者彻底冷落，这其中的原因何在？对于这个问题，有些经济学家给予了回答。他们指出，可口可乐事件的影响没有波及到中国，最主要是因为它在中国市场上建立起了品牌的忠诚度。

一直以来，可口可乐公司始终致力于顾客的忠诚度的培养。20 年来，可口可乐公司在中国的投资已经达到 11 亿美元。可口可乐公司不遗余力地在产品质量上下功夫，从而得到消费者的认可，并在消费者心目中建立起极高的忠诚度。

研究资料显示，20% 的忠诚顾客创造了一个成功品牌 80% 的利润，而其他 80% 的顾客只创造了 20% 的利润。除了可以带来巨额利润，顾客的忠诚度在降低产品的营销成本方面也有所体现。

第 5 节 主动咬断"尾巴"

在山间树林里，有一只老虎外出觅食，不小心掉进了猎人设置的陷阱中。老虎的脚掌被索套套住了，挣扎了很久也没有挣脱。猎人听到动静后向陷阱走来，这时，老虎忍着巨大的痛苦，用锋利的牙齿咬断了那条被套住的腿，之后步履蹒跚地逃脱了猎人的陷阱。

这是我国著名的历史典籍《战国策》里记载的"虎怒决蹯"的故事。当身处险境时，老虎为了保全性命，不惜牺牲一条腿，这种做法是十分无奈却也非常聪明的。如果它不这样做，一定会丢掉性命，现在只丢掉一条腿，确实很值得。

在自然界中，像老虎这种为保全性命而做出适当牺牲的例子比比皆是。发生在非洲草原的独狼战鬣狗的故事，就是其中的一个。

在非洲草原极度干旱的季节里，水和食物成了影响在这里生活的动物们的关键因素。很多动物因为缺水而死。在这里，生活着两种群体觅食异常凶猛的动物——鬣狗和狼。它们的生存也受到了严峻的挑战。狼群外出捕猎是在狼王的指挥下进行的，而鬣狗则不同，它们是一窝蜂地往前冲，仗着数量的优势，连猎豹和狮子嘴里的食物都敢抢。狼和鬣狗都属犬科动物，能够在同一片区域和平相处，有时候还会共同捕猎。但那是在食物丰富的季节，当食物短缺的季节到来时，双方经常会因为捕猎而发生冲突。一次，一群狼和一群鬣狗因争夺被狮子吃剩的野牛的残骸发生了冲突。双方经过一番惨烈的厮杀，很多狼和鬣狗都死了，最后形成一只狼王与 5 只鬣狗对峙的局面。虽然狼王异常凶猛，但要同时对付 5 只鬣狗，恐怕连一丝取胜的机会都没有。更何况，狼王的一条后腿还在混战中被咬伤，双方的实力本来就相差悬殊，这一下就差得更多了。最重要的是，那条拖在地上的后腿已经变成一种负担，让狼王的动作受到很大的限制。鬣狗将狼王围在中间，全都瞪大眼睛看着它，好像非要将狼王置于死地不可。这时候，狼王猛然回头，将自己的伤腿一口咬断，然后以迅雷不及掩耳之势扑向离自己最近的那只鬣狗，并用锋利的牙齿一口咬断了它的喉咙。狼王的这一举动彻底吓呆了其他 4 只鬣狗。它们都浑身颤抖着，站在原地不敢向前。最后，4 只鬣狗终于僵持不住，只得悻悻地离开了。

狼王之所以能够逼退 4 只鬣狗，就因为它能毅然咬断自己的后腿，排除障碍。可以设想一下，如果它当时不这样做，会出现什么样的结局呢？它一定会被 4 只凶狠的鬣狗活活咬死！正因为狼王懂得舍腿保命的道理，才能够成功地活下去。它的做法和"虎怒决蹯"故事里的老虎的做法有异曲同工之妙。它们都能够清楚地认识到什么最重要，然后为此做出适当的放弃和牺牲。

在我国古代历史上，存在着很多这种"弃卒保车"的例子。

一般人都知道李清照是宋代有名的女词人，但却不知道她还有另外一重身份。李清照和丈夫赵明诚都是著名的收藏家。他俩穷尽半生之力，倾尽全部家产，收藏了很多金石、书画、典籍。但是，宋朝动荡不安的社会，使李清照夫妇饱受国破家亡之苦，颠沛流离几千里。他们收藏起来的东西无法带走，所以只好任其失散，尽管心痛不已，却也无可奈何。过江以后，夫妻二人不得不分开。李清照在与赵明诚告别时，询问如果万一碰上兵乱，随身携带的宝贝应该怎么处理。赵明诚对李清照说，如果战乱严重到逃难的地步，那么就将随身携带的东西分批次扔掉。最先扔掉辎重钱财，然后再扔掉衣被；如果这样做还不够，那就将收藏中的书册卷轴扔掉；如果仍然不行，那就扔掉古器物；只有最后一点金石，就算形势再紧张，也必须随身携带。

可以看出，赵明诚懂得在危难之机，为保全性命而舍弃身外之物的道理。他之所以不让李清照扔掉最后一点金石，是因为他把那些东西看得比生命更加重要。在人的一生之中，难免会遇到比生命更宝贵的事物，那个时候，就算牺牲生命也是值得的。

唐代李肇所著的《国史补》中，也有一个类似的故事。有一辆载满瓦瓮的车行驶在通往渑池的路上，因为道路泥泞不平，又到处都是泥坑，所以这辆车就陷了进去。通往渑池的路本来就很窄，陷入泥坑的车停在半路，后面的车就再也无法通行了。当时天气寒冷，道路被冻住，路面变得光滑无比，后面的车想退也无法退，只能在路上堵着。黄昏时分，这条路上聚积的车辆、人马无数。后来，一位商人从后面赶过来一探究竟。他看到瓮车的主人拼命想把车从泥坑里拉出来，但是瓮车不但没有从泥坑逃出的迹象，反而还越陷越深。这时候，那位商人想出了一个奇妙的计策，很快就解决了"堵车"问题，他是怎么做的呢？商人走到正在卖力拉车的人面前，说道："你算算你车上的瓮能卖多少钱，我全买了！"瓮车的主人说了价钱。那个商人二话不多，连忙命令自己的手下取来自己车上的贵重货物，折算成银两交给车的主人，然后又命人把车上的瓮全部推进路边的悬崖下。如此一来，瓮车变成了空车，很快就从泥坑里出来了。道路上的障碍解决了，道路也很快变得畅通无阻。

后来，唐代大诗人元稹特意为解决道路障碍的商人作了一首诗。在诗中，作者表达了对这个商人的赞美之情："一言感激士，三世义忠臣。破瓮嫌妨路，烧庄耻属人。迥分辽海气，闲踏洛阳尘。倘使权由我，还君白马津。"

这个商人的确值得赞美。他只花了很小的代价就成功地解决了困扰众多车辆行人的问题。这个代价与换来众多车辆行人畅通无阻相比，可谓值得。

在现实生活中，很多人因为缺乏为更大的利益做出小的牺牲的智慧和勇气，使自己落入"鳄鱼法则"的陷阱之中。

《动物世界》曾多次播放过鳄鱼咬人的画面。当鳄鱼的血盆大口咬住一个人的脚时，他的第一反应就是用手把脚从鳄鱼的嘴里挣脱出来，可是，这样做会使这个人的手和脚都被鳄鱼咬住。而且挣扎得越厉害，被咬住的地方越多，直到最后被鳄鱼完全吞噬。其实，这种做法是非常不理智的，理智的做法是果断地牺牲被咬住的那只脚，以换得一条性命。

这就是"鳄鱼法则"的来源。"鳄鱼法则"给人的启示是，当你发觉自己的行为离既定方向越来越远时，果断地做出选择，停止你的行动，心里不要存有一丝侥幸。

买股票的人有一个深刻体会，当股市一路狂跌时，交易所会在未得到客户同意的前提下自动为客户斩仓。交易所这样做是为客户考虑，斩仓保住部分成本，总比股市继续下跌而损失惨重要强得多。

有一种叫作"蔡戈尼效应"的心态，就是人们落入"鳄鱼法则"陷阱的反映。

心理学研究表明，人天生有一种不做完一件事绝不罢休的驱动力。这种驱动力使人们无法接受自己只把事情做到一半的行为，就像看到一个圆圈没有画完，存在着缺口，就非要把它画成一个完完整整的圆圈不可。这就是"趋合心理"。促使人们完成一件事的内驱力的原因有很多，"趋合心理"便是其中之一。

心理学家蔡戈尼曾在1927年做过一个实验。她找来一群人参加数学题演算，她先将这群人分成A、B两组，然后让他们同时演算相同的数学题（这些数学题并不难，一般人都能够做出来）。在这群人演算的过程中，蔡戈尼突然命令Ａ组的人停止演算，而Ｂ组的人则没有接到她的命令，完成了演算。待Ｂ组演算全部结束后，蔡戈尼将两组人集中在一起，让他们回想刚才演算的题目。

这个实验的结果显示，Ａ组的成绩比Ｂ组的成绩要好得多。这是为什么呢？因为人们在面对问题时，注意力会高度集中，并且总想着要把问题解决掉。把问题解决之后，人的精神状态就会松弛下来，问题很快就会被忘记了。

人们容易忘记已经完成的工作，原因在于工作已经完成，想要完成的冲动已经被满足；如果工作还在进行中，那么这种冲动因没有得到满足而使人牢牢地将工作记住。这种心态就被称为"蔡戈尼效应"。

"蔡戈尼效应"既能给人带来好处，也会让人陷入麻烦之中。对大多数人来说，蔡戈尼效应可以促进他们完成工作，因为如果不将工作完成，他们会觉得不安。但那些容易走极端的人在这种驱动力的影响下，非得把一件事做完才肯罢休。如果他们所做的事情并非好事的话，那么影响就会更加严重。比如在工作方面，很多人为了避免半途而废，就不顾一切地继续做下去。这本是一件好事，但是如果这件工作并没有前途，或者根本不适合去做，就岂不是在白白地浪费时间？

有的媒体曾报道过一名安徽青年因疯狂迷恋文学创作而走上歧路的消息，让人欷歔不已。这位安徽青年从中学时就开始疯狂地迷恋文学创作，并因此而使高考成绩受到影响，最终没有得到上大学的机会。这个青年不但没有因高考落榜而感到遗憾，反而显示出一种满不在乎的姿态。这是因为他终于可以如愿地全心全意进行创作了。的确，他每天都夜以继日地创作着。他把自己的得意之作投给出版社、杂志社，但是投出去的稿件总是音信全无。青年没有气馁，继续一篇篇地投，但无论他怎样努力，都没有办法让他的钢笔字变成铅字。这种现实使他深受打击，于是一气之下，他便学古人"读万卷书，行万里路"的精神，在全国很多城市都留下了"足迹"。最后身上的钱花光了，他投出去的稿子也毫无音信，想到回家会受到父母的责备，于是无奈之时寻了短见。后来幸好被好心人发现，及时送往医院，才保住了性命。

这个青年对文学的热爱是值得表扬的，但是文学是需要天赋、阅历、经验等很多条件的，他只凭着对文学的一腔热情就盲目地创作下去，这样是不会取得成功的。其实，他在给出版社、杂志社投稿没有动静后，就应该及时地对自己走的这条路进行反思，反思这条路到底适不适合自己。不仅是这位文学青年，很多人也会犯同样的错误。这就是蔡戈尼效应造成的影响。

如果想要获得成功，就必须学会抑制住完成驱动力，运用自己的价值观做出判断，勇敢地放弃那些没有意义的事情，把时间、精力投入有意义的事情上面。

麦肯锡资深咨询顾问奥姆威尔·格林绍曾经说过这样的话："正确的道路是什么我们不一定知道，但却不要把时间浪费在错误的道路上，更不要在错误的道路上走得太远。"这句话正是对鳄鱼法则的概括，更是人们做事的重要行为准则。

学会放弃，学会做出适当的牺牲，避免在错误的道路上走得太远，这就是成功的重要法则。

第十一章

海盗分金博弈

第1节 海盗分赃

2010 年 1 月 27 日，一艘柬埔寨货船被索马里海盗劫持。3 月 23 日，一艘英属维京岛的货轮被索马里海盗劫持……索马里海盗劫持船员后，就会向相关国家和公司索要赎金，一旦不能满足，他们多会残忍地杀害人质。海盗问题已经成为各国当下需要面对的一个难题。

在我们的印象中，海盗都是一群桀骜不驯的亡命之徒，他们勒索、抢劫、杀人等等。但是在一个故事中他们却非常民主，这个故事就是著名的"海盗分金"。

假如在一艘海盗船上有 5 个海盗，他们抢来了 100 枚金币，那么该怎么分配这些金币呢？下面是他们分配的规则：

首先，以抽签的方式确定每个海盗的分配顺序，签号分别为 1、2、3、4、5。

其次，抽到 1 号签的海盗，提出一个分配方案。对这种分配方案，5 个海盗一起进行表决，如果海盗中有半数以上（含半数）的人赞成，那么它就获得通过，并以这一方案来分配 100 枚金币；假如他提出的方案被否决了，也就是只有半数以下的人赞成或没有人赞成他的方案，那么他将被扔进大海喂鲨鱼。这时就轮到2号签的海盗提出分配方案，然后剩余的4个海盗一起表决他的方案。和前面一样，只有超过半数（含半数）的海盗赞成，他提出的这一方案才能通过，并按他的这一方案分配100枚金币；反之，他和1号海盗一样会被扔进大海喂鲨鱼。同理，3号、4号海盗也是和上面一样的。当找到一个所有海盗都接受的分配方案时，这种情况才会结束。假如最后只剩下5号海盗，那么他显然是最高兴的，因为他将独吞全部金币。

对这5个海盗，我们先做如下的假设：

（1）假设每个海盗都能非常理智地判断得失，都是经济学上所说的"理性人"，并能够做出有利于自己的策略选择。换句话说，每个海盗都知道，在某个分配方案中，自己和别的海盗所处的位置。另外，假设不存在海盗间的联合串通或私底下的交易。

（2）金币是完整而不可分割的，海盗们在分配金币时，只能以一个金币为单位，而不能出现半枚这样的数字。而且也不能出现两个或两个以上的海盗共有一枚金币的情况。

（3）每个海盗都不愿意自己被丢到海里喂鲨鱼。在这个前提下，他们都希望自己能得到尽可能多的金币。他们都是名副其实的、只为自己利益打算的海盗，为了更多地获得金币或独吞金币，他们会尽可能投票让自己的同伴被丢进海里喂鲨鱼。

（4）假定不存在海盗们不满意分配方案而大打出手的情况。

如果你是1号海盗，你提出什么样的分配方案才能保证该方案既能顺利通过，又避免自己被其他海盗丢进大海里呢？而且这一方案还可以使自己获得更多的金币。

大部分人对这个问题的第一感觉都是抽到 1 号签的海盗太不幸了。这是因为每个海盗都从自己的利益出发，他们当然希望参与分配金币的人越少越好。所以，第一个提出方案的人能活下去的几率是很小的。就算他把钱全部分给另外 4 个海盗，自己一分不要，那些人也不一定赞同他的分配方案。看起来，他只有死路一条了。

但事实远不是我们想的那样。要 1 号海盗不死其实很简单，只要他提出的分配方案能使其余 4 个海盗中至少两个海盗同意就能获得通过。所以，1 号海盗为了自己可以安全地活下去，就要分析自己所处的境况，他必须笼络两个处于劣势的海盗同意他的分配方案。怎样才能使这两个海盗同意他的方案呢？假若 1 号海盗被丢进大海，那么这两个海盗得到的金币假定为 20 枚，那么只要 1 号海盗分给这两个海盗的金币数额大于 20 枚，这两个海盗就会赞成他的分配方案。也就是说，如果不同意他的分配方案，这两个海盗只会得到更少的金币。

1 号海盗就该想办法了，怎样的分配方案才是可行的呢？

如果第一个海盗从自己利益出发进行分析，而不按照这种推理方法，就很容易陷入思维僵局："如果我这样做，下面一个海盗会如何做呢？"这样的分析坚持不了几步就会使你不知所措。

我们可以用倒推法来解决这个看似复杂的问题，即从结尾出发倒推回去。因为在最后一步中往往最容易看清楚什么是好的策略，什么是坏的策略。知道最后一步，就可以借助最后一步的结果得到倒数第二步应该选择什么策略，然后由倒数第二步的策略推出倒数第三步的策略……

　　因此，我们应该从 4 号和 5 号两个海盗入手，以此作为问题的突破口。我们先看看最后的 5 号海盗是怎么想的，他应该是最不肯合作的一个，因为他没有被丢到海里喂鲨鱼的风险。对他来说，前面 4 个海盗全部扔进海里是最好的，自己独吞这 100 枚金币。但是，5 号海盗并不是对每个海盗的分配方案都投反对票，他在投票之前，也要考虑其他海盗的分配方案通过情况。

　　但是，这种看似最有利的形势，对于 5 号海盗来说，却未必可行。因为假如前面三位都被扔进大海，只剩下他和 4 号海盗的时候，4 号海盗一定会提出这样的分配方案，那就是 100：0，就是 4 号海盗分 100 枚金币，5 号 0 枚。如果对这个方案进行表决，对自己的这个方案，4 号海盗肯定投赞成票。因为就只剩他们两个了，4 号的赞成票就占了总数的一半，这个方案一定能获得通过。表决结果是 5 号海盗无法改变的。金币的分配方案，在只剩下 4 号海盗和 5 号海盗的时候是 100：0。

　　再往前推，我们看看只有 3 号、4 号、5 号海盗存在时的情况。根据 5 号海盗的处境，3 号海盗会提出 99：0：1 的分配方案，即 3 号分 99 枚，4 号 0 枚、5 号 1 枚。对这个方案投票时，3 号一定会同意，4 号海盗肯定不会同意，但 5 号海盗一定会投赞同票。为什么 5 号海盗投赞同票？因为如果不这样做，而投不赞成票，那么他和 4 号两票对一票，不赞成 3 号的分派方案，3 号就会被丢下大海。那么接下来就只剩 5 号和 4 号了，就回到了我们在上一段的分析，5 号将什么也分不到。因此，当 3 号、4 号、5 号海盗共存时，金币的分配方案是 99：0：1。

　　以这种方法再往前推，我们看看当 2 号、3 号、4 号、5 号共存时的情况。2号海盗这时候根据推理会预测到，假如他被抛下大海，那么分配方案是99：0：1。那么他的最好分配方案是98：0：0：2，即笼络5号海盗，放弃3号海盗和4号海盗。表决时，5号海盗会同意，因为前面已经说过，如果5号海盗不同意这一分配方案，2号海盗就会被丢进大海，那么他只能得到1枚金币，但如果同意2号海盗的分配方案，他却可以得到2枚金币，他肯定选择后者。3号海盗和4号海盗因为分不到金币，肯定投反对票。那么4个海盗的投票情况就一目了然了，2号和5号投赞同票，3号和4号投反对票，2号的方案因为有半数的人同意而通过。也就是说，这种情况下的金币分配方案为98：0：0：2。

再往前推，我们看看1号到5号都在时的分配方案。通过前面的分析，我们知道假如1号海盗被扔进大海，由2号来提出方案的话，3号海盗和4号海盗什么也分不到。因此1号海盗的分配方案就应该从处于劣势的3号海盗和4号海盗入手，分给3号海盗1枚金币，分给4号海盗一枚金币，具体方案是98：0：1：1：0。3号、4号和1号都会同意这一方案，很显然，就算2号和5号反对，这个方案依然会通过。

最终的结果虽然难以置信，但却合情合理。表面上看来，1号是最有可能喂鲨鱼的，但他不但消除了死亡威胁，还牢牢地把握住先发优势，并最终获得最大的收益。而5号看起来最安全，没有死亡的威胁，甚至还能坐收渔人之利，但结果只能保住自己的性命，连一枚金币都分不到。

但是，"海盗分金"这种模式只是在最理想的状态下的一种隐含假设，而在现实生活背景下，海盗的价值取向并不都一样，有些人宁可同归于尽，也不让你一个人独占 98 枚金币。

我们在这里主要是看重这种分析问题的方法，即倒推法，而在博弈学上，我们称其为"海盗分金"博弈模式。

知道上面这个模式，我们就很容易理解，企业中的一把手为什么总是和会计以及出纳们打得火热，而经常对二号人物不冷不热——因为二号人物总是野心勃勃地想着取而代之，而公司里的小人物则没那么大的野心。

我们用这个博弈模式可以分析许多问题，涉及各个方面。

第 2 节 蜈蚣博弈悖论

倒推法是分析在完全且完美状态下动态博弈的工具，虽然非常有效，但是也存在着致命的缺点。如果我们了解蜈蚣博弈悖论，就会知道为什么倒推法存在着缺陷。

蜈蚣博弈是罗森塞尔最先提出的，它是这样一个博弈：博弈的双方为甲和乙，两人轮流进行策略选择。可供选择的策略有两种：合作和不合作。假定由甲先选，然后是乙；接着再是甲，然后乙，两人就这样交替选择。假定甲乙之间的博弈次数为 100 次，那么这个博弈各自的支付如下：

合作　合作　合作　合作　合作

甲——乙——甲……甲——乙——{100，100}

背叛　背叛　背叛　背叛　背叛

1　　　2　　　3　　　n　　　n+1

这个博弈的图形模式像一只蜈蚣，因而被称为蜈蚣博弈。

甲和乙是如何进行策略选择的？我们可以用逆向归纳法来分析这个博弈：在最后一步，甲在"合作"与"不合作"中进行选择时，因为"不合作"将会带来更大的利益，所以"不合作"的策略要优于"合作"，甲应当选择"不合作"。在倒数第二步，乙这样想，下一步甲会选择"不合作"，所以我在这一步就提前背叛对方将获得更多的好处，而且避免下一步被背叛。因此在这倒数第二步乙的理性选择应该是"不合作"……依次倒推，一直倒推到第一步，乙理性的选择就是"不合作"。这同我们前面所讲的有限次数的重复性博弈中双方达不成合作是一个道理。

这样的博弈结果是双方在第一步就不能达成一致，倒推法的结果是令人遗憾的。倒推法从逻辑推理来看是严密的，但是，结论是违反常理的。一开始就采取合作性策略有可能获取的收益为100，而采取不合作的策略获取的收益为1，这就违反常理了。从逻辑的角度看，一开始甲应取不合作的策略；而直觉告诉我们，采取合作策略是最优策略。甲一开始采取合作性策略的收益有可能为0，但1或者0与100相比实在是太小了。我们可以看到，这两者是相互矛盾的，这就是蜈蚣博弈的悖论。

博弈论专家对蜈蚣悖论做过实验研究，发现双方会自动选择合作性策略，根本不会出现一开始选择"不合作"策略而导致双方收益为1的情况。这种做法与倒推法相悖，但实际上，双方这样做要好于一开始甲就采取不合作的策略。

这样看起来倒推法是不正确的。但我们会发现，即使双方均采取合作策略，从一开始就走向合作，这种合作也坚持不到最后一步。只要是理性的人，出于自身利益的考虑，在某一步时，肯定会采取不合作策略，那么倒推法肯定在这一步要起作用。合作在倒推法起作用的时候便不能进行下去。在现实中，这个悖论的对应情形：参与者不会在开始时确定他的策略为"不合作"，但是，他不能确定在哪一处采取"不合作"策略。

张某是王某的朋友。王某打算向张某借钱，但又怕张某拒绝。在前往张某家的路上，他不断地想到了张某家可能出现的情况："要是他说没钱怎么办？""他会不会说自己也急用钱？""他会不会直接说不借我？"……这人越想越愤怒，把自己所想的当成张某所想的。以己推人，对朋友产生了不满："他为什么不肯借给我？朋友之间应该和睦相处，假如他向我借钱，我一定会借给他。可是，我向他借，他却不肯借给我。"

就这样一路想着，他到了张某家，进门后便气愤地说："不就是有几个臭钱吗？我才不稀罕借呢？"他本是来借钱的，结果竟然说出这样的话。张某张口结舌，不明所以，不知道何时得罪了他。

在生活中，一些喜欢以己度人的人可能会遇到这样的尴尬。虽然是个笑话，但我们发现，这个借东西的朋友所运用的思维方法有着倒推法的影子。

在逻辑和现实性方面，倒推法都是有成立条件的，因此，它的分析预测能力就有局限性。倒推法不可能适用于分析所有的动态博弈，如果在不能用的地方用了倒推法，就会造成矛盾和悖论，就会出现上述"借钱"的笑话。只要分析的问题符合倒推法能够成立的条件和要求，它仍然是一种分析动态博弈的有效方法。不能因为倒推法的预测与实际有一些不符，就否定它在分析和预测行为中的可行性。

在动态博弈每一步的决策中，博弈参与人既要向前看，又要向后看。向前看的目的是预测博弈的可能结果，向后看的目的是从既成事实中确定有用信息。

第3节 大甩卖的秘密

现在商品打折已经成为一种风气，走在大街小巷，总会看到商店的门口贴着"大甩卖""跳楼价""清仓处理"等字样，许多商店里还贴着"恕不讲价"的牌子，这种风气在整个商业系统中迅速蔓延开来，把打折当作招揽顾客的重要手段之一。

商场里"买一送一""买二送一"以及"买此物送彼物"等广告也随处可见。每逢商场周年店庆的时候是商家最忙的时候，它们都把周年庆当作"答谢新老客户关爱"的最佳时刻，各种平面媒体上都有巨幅的广告在宣传，打出了类似这样的一些口号："全场商品一律7折""满300送100""满400立减100"。这还不算，店庆本来只有一天，但商家一开就是二三周，甚至搞一个月店庆的都有。有一些小店更加夸张，它们每次都说"因为搬迁，最后一天大甩卖"，但当下次经过这家小店时，你会发现它依然好好地开在那里，而且和你上次见到时一样，也是"因为搬迁，最后一天大甩卖"。小店的主人似乎把每一天都当作最后一天来过。

商家的这些促销手段让人觉得自己占了便宜，买了这么多平时买不到的便宜物品。但是不要忘了有句话叫"无利不起早"，商家如果不赚钱或者是赚得很少的话，他们还会这么做吗？谁都知道商人做生意就是为了赚钱，让他们真的"大放血"是不可能的。

当然，我们得承认许多商品打折后，价格确实比原来要低；而且由于路面拆迁、生意转行、急需资金、商品换季、清理库存等等诸多原因，确实有一小部分商店被迫降价甩卖。但以上两种情况其实并不多见，大部分商家，尤其是那些"回馈新老顾客"之类的"周年店庆"，使用的是"薄利多销"的促销手段。但是，其中也有许多人是假借打折之名来招揽顾客，以此谋利。

商家打折的秘密是什么呢？

有的商品，不管你是只生产一件，还是要生产一万件，其中有一些投资是必须做的。也就是说，生产一万件商品用到的钱，并不是生产一件商品的一万倍，而要远远小于这个数字。有些东西不管你生产多少件，其一些投入都是不变的，像厂房建筑和机器设备等。而且在短期内，这些投资是固定的。

在短期内，这种在数量上不能改变的投资成本，我们称之为"不变成本"。而相对来说，一些随时可以改变数量的投资，我们称之为"可变成本"。如果你想生产一件产品，只需要几个工人就可以了，但如果你想生产一万件产品，那就需要投入更多的劳动力。生产商品所需要的总成本就等于不变成本和可变成本之和。

我们先做这样一个假设，在一段时间内，把商家生产出来的一些产品看作一个整体。再看看生产这些产品所耗费的成本，它包括不变成本和可变成本，我们把它平均分摊到每一件产品上，那么，每一件产品中包含了多少的可变成本和不变成本就是可以知道的了。我们由此还可以得到"平均可变成本"和"平均不变成本"的两个概念，它们相加就等于每个商品的"平均总成本"。那么商家从每一件商品中获得的收益是多少呢？通过比较价格，以及以上几个方面的平均成本的大小关系，就可以知道商家每件商品的最低价格。

由此，我们可以把商品的价格从下面 3 种情况来解释：

第一，商品价格比平均总成本高。这就意味着厂商从每件商品中都能获得一定的利润。在这种情况下，商家因为可以赚到钱，就会扩大生产。在短期内，他们根本不能预计商品价格会发生变化。但随着商品供给的不断扩大，商品价格自然会慢慢走低。

第二，商品价格高于平均可变成本，但却低于平均总成本。厂商这时的销售收入已经不能弥补所耗费的所有成本了，但是，总收益还可以弥补不变的机器和厂房折旧成本，剩余的还可以补偿工人工资、自己的劳动投入等这些可变成本。由于这些折旧成本是必然的，即使你不生产，它也会发生折旧。所以，对厂商来说，这时候生产比不生产好。因为生产了，至少还有一部分收入来弥补机器的折旧损失。于是，他会继续扩大生产。随着商品供给的进一步扩大，商品价格也会继续下降。

第三，商品价格不仅远远低于商品生产的平均总成本，还低于可变成本。这时候商品的销售收入连弥补机器的折旧费用都不够，更不要说工人的工资了。这时候厂商卖产品是赔本的，他们会停止生产。

那么，我们就很容易理解商场里商品"打折"销售的原因了。商场里的商品卖的一定比刚出场的价格贵，这是显而易见的，因为商场到工厂进货、交易、运输、商场铺面租金、环境布置、员工工资等等许多方面，这些都需要费用。换句话说，在商场里，商品的最低价格应该比生产该商品需要的可变成本更高一些，商场只有这样才能获得利润。也可以说，商场里的商品都是有一个底价的，低于这个底价卖出就会亏本。

不过，我们在上面也说过，有一小部分商场确实是降价出售的，而且商品价格往往比实际造价还低，这是由一些特殊原因造成的，如搬迁等等。如果这个时候消费者去这家商场买东西，就会获得比较实在的优惠，前提是这家店确实是要搬迁了，或因为其他什么原因确实不再经营此店了。但是，这种情况并不常见。因为，在一般情况下，商品出卖的价格比实际平均价格要高一些，就算出现特殊的情况，他们把价格下调到比可变成本高一点就行，依然是可以赢利的，我们前面所说的"店庆"就是这种情况。这是许多商场吸引消费者最常见的手段，也是它们最重要的打折方式之一，用这种手段可以使众多商家达到"薄利多销"的目的。

第 4 节 理性与非理性

"海盗分金"博弈模型只是一个有益的智力测验，是不能直接应用于现实的，现实世界的情况远比这个模型复杂，现实中人人不都是"绝对理性"。

我们再来看"海盗分金"的模型。只要 3 号、4 号或 5 号中有一个人不是绝对理性的（现实中也几乎没人做到绝对理性），1 号海盗就会被扔到海里去。因此，1 号海盗绝不会拼了性命自取 97 枚金币，他要顾虑其他海盗们的聪明和理性究竟是不是靠得住。如果他们撒谎或相互勾结怎么办？这就牵涉到理性与非理性的问题。

"非理性"看起来好像是不可取的，但实际上正是许多所谓的"非理性"行为促进了人类的福利。在"海盗分金"博弈中，1 号分到

97 枚金币，其他 4 个海盗不是没分到，就是分得一枚。但是，如果其他海盗拒绝呢？那么他们损失的也就是这 1 枚金币。但 1 号海盗要损失 99 枚金币，比其他海盗要严重得多。"海盗分金"的最后结果是收益的极度不平衡，那么是提出这个自作聪明的分配方法的 1 号海盗不理性，还是其他 4 个海盗不理性？可想而知，其余的 4 个海盗一定会选择不理性，建议重新分配金币。这类非理性行为恰恰是理性的。

在民主政治中，各种利益集团都不会有"不合理性的争吵"。某某国家政府、议会间僵持不下，这是我们从新闻中可以知道的，这种僵持不下的后果导致政府办事效率低下，严重的会解散议会或使政府更迭。你可以说这种僵持是"非理性"的，但只有在各利益集团的交锋中达成的政治才是比较合理的。这就如同夫妻之间经常吵架一样。

许多夫妻经常大吵大闹，其原因只不过是些鸡毛蒜皮的琐事。很多人认为，天天吵来吵去到底有什么意思，一点理性也没有，而当事人吵过之后可能也觉得不值得。可是，有时他们虽然知道不值得，但还是要吵闹。说起来这种反常的现象并不难解释，他们吵闹是为了争夺家庭控制权或维护自身"话语权"，也是因为自己拉不下面子。在一些小事上退让是理智的，不过，假如你总是退让，有时候会助长对方的气势，让别人以为自己软弱，也使自己在和别人的博弈中处于劣势地位。所以，虽然夫妻间的吵闹没什么用处，也是不理性的，但有的夫妻下次还是要吵。

尽管有各种非理性行为存在，但不可否认的是，理性的假设还是很有用的。总的来说，人们还是懂得权衡利弊的，并做出有利于自己的选择。生活中有大量理性选择的例子，所以我们也不必把理性看得太理想化，也不要以为它是如何的高深莫测。中国的一些谚语中都能体现出理性，如我们常说的"人在屋檐下，不能不低头""胳膊拧不过大腿""莫生气"等等。

很显然，非理性有时候其存在是合理的，但也有不合理的时候。实际上，人类的非理性是体现在对客观事物的错误认识上，而并不集中体现在利益分配上。有时候，知识的缺乏会导致非理性困境的出现。

第十二章
路径依赖博弈

第 1 节 马屁股与铁轨

四英尺又八点五英寸，这是现代铁路两条铁轨之间的标准距离。这一数字是怎么来的呢？

早期的铁路是由建电车的人负责设计的，电车所用的轮距标准就是四英尺又八点五英寸。那电车的轮距标准数字又是怎么来的呢？因为早期的电车是由以前造马车的人负责设计的，造马车的人显然很懒惰，直接把马车的轮距标准用在了电车的轮距标准上。那么，马车的轮距标准又是怎么来的呢？因为英国马路辙迹的宽度就是四英尺又八点五英寸，所以马车的轮距就只能是这个数字，不然的话，马车的轮子就适应不了英国的路面。这些辙迹间的距离为什么又是这个数字呢？因为它是由古罗马人设计的。为什么古罗马人会设计用这个数字呢？因为整个欧洲的长途老路都是由罗马人为其军队铺设的，而罗马战车的宽度就正是四英尺又八点五英寸，在这些路上行驶，就只能用这种轮宽的战车。罗马人的战车轮距宽度为什么是这个数字呢？因为罗马人的战车是用两匹马拉的，这个距离就是并排跑的两匹马的屁股的宽度。

后来，美国航天飞机燃料箱的两旁，有两个火箭推进器，是用来为航天飞机提供燃料的。这些推进器造好之后，是用火车来运送的。途中要经过一些隧道，很显然，这些隧道的宽度要比火车轨道宽一点。由此看来，铁轨的宽度竟然决定了火箭助推器的宽度。我们在上面已经提过，铁轨的宽度是由两匹马屁股的宽度决定的，这么说，美国航天飞机火箭助推器的宽度竟然与马屁股相关。

其实在我们现实生活中也有传承多年的东西，如中秋节送月饼。为什么赠送月饼，而不是其他什么东西呢？人们今年相互赠送月饼，是因为他们去年就相互赠送月饼。

其实这只是日常生活中的一种普遍现象，而在博弈论中，我们称之为"路径依赖"。

1993 年，诺贝尔经济学奖的获得者诺思提出了"路径依赖"这个概念，即在经济生活中，有一种惯性类似物理学中的惯性，一旦选择进入某一路径（不管是好还是坏）就可能对这种路径产生依赖。在以后的发展中，某一路径的既定方向会得到自我强化。过去的人做出的选择，在一定程度上影响了现在及未来的人的选择。

"路径依赖"被人们广泛应用在各个方面。但值得注意的是，路径依赖本身只是表述了一种现象，它具有两面性，可以好，也可以坏，关键在于你的初始选择。在现实生活中，报酬递增和自我强化的机制使人们一旦选择走上某一路径，要么是进入良性循环的轨道加速优化，要么是顺着原来的错误路径一直走下去，直到最后发现一点用处也没有。

一家公司的十几位白领，上班的地方是一间约 100 平方米的办公室，他们很平静地在这里工作着，每天重复着上班下班的生活。

但是，一个人打破了这种平静。其实他自己觉得没做什么，但在同事们看来，他却做了一件不可思议的事：他在整齐划一的办公桌之间的隔板上加了一块纸板，这样看起来，他的座位隔板比左邻右舍高出了一节。他并没有选择在上班的时间加那块纸板，而是选择在下班之后。

同事们第二天上班时发现了那块纸板的存在。

他们一致抗议：这块加高的纸板打破了整个办公室的协调与统一，影响这间办公室的美感。看他们反对时的神态就知道，这块隔板不仅伤害了他们的感情，而且损害了他们的利益。他们说，这块纸板是与众不同的东西，不适合放在办公室里，它的存在是对周围环境的破坏。

公司的一个领导来到公司时，也发现了这个变化。这事不在他的管辖范围之内，他也并不在这间办公室里工作，但他还是对这个变化做出了"指示"："好好的，为什么要加一块板呢？不要搞特殊。"不过，他也只是说说，并没有要求即刻拆除。同事们都说不该这么做，但谁都没有"暴力"将之拆下来。

在这之后的几天，大家还是这么议论着，但已不像开始那么激烈。一周之后，基本没人再提起这件事。再后来，同事们已经习惯了那块起初被视作眼中钉的纸板，并渐渐地习以为常。那么，既然这块纸板并不影响他们，他们当时为什么还要强烈地反对呢？难道真的是因为纸板破坏了办公室的美感？就算是，它所产生的美学破坏力应该是极小的。但是，这块纸板却反射出社会的群体被个体冒犯后要付出怎样的代价。

在博弈论中，有一个进化上的稳定策略，是指种群的大部分成员采用某种策略，上面的故事就很好地反映了这个策略。对于个体来说，最好的策略取决于种群的大多数成员在做什么。

在稳定策略中，存在着一种可以称为惯例的共同认识：大众是怎么做的，你也会怎么做，有时你也许不想这么做，但最后还是和大家的做法一样。而且，在大家都这样做的前提下，我也这样做可能是最稳妥的。因此，稳定策略几乎就是社会运行的一种纽带、一种保障机制、一种润滑剂，从某种意义上说，它就是社会正常运转的基础。

那么现在你可以想一下：当所有其他人的行动是"可预计的"，那么在这个时候，你的行动也会是这样。那么，这也就是在说明：有时候你是机械地根据一种确立的已知模式来选择，而不是用自己的理性来选择。

在上述的例子中，没有隔板就是大家共同认定的一种"惯例"，而现在你加了一块隔板，那么你就打破了这个"稳定策略"。你的实际行动对过去的惯例产生了偏离，所以，遵守这个惯例的同事们开始反对你。其实，当时加一个隔板并不影响别人，他们之所以反对就是因为稳定策略。

春秋时，齐国相国管仲陪同齐桓公到马棚视察。齐桓公见到马夫，便问他："在这里做工还算比较习惯吧，你觉得马棚里的这些活，哪一样是最不好做的？"

养马人一时不知如何回答。一旁的管仲这时代他回道："其实我以前也做过马夫，依我看，编拦马的栅栏这个活是最难的。"

齐桓公奇怪地问道："何以见得？"

管仲说道："在编栅栏时，所用的木料往往是有曲有直。选料很重要，因为木料如果都是直的，便可以使编排的栅栏整齐美观，结实耐用。如果一开始就选用笔直的木料，接下来必然是直木接直木，曲木也就用不上了。如果是曲的就不行，假如你第一根桩时用了弯曲的木料，或者中间误用了曲的木料，那么随后你就会一直用弯曲的木料，笔直的木料就难以启用，那么编出来的栅栏就是歪歪斜斜的。"

如果从一开始就做出了错误的选择，那么后来就只能是一直错下去，很难纠正过来。管仲说的是编栅栏的事，但是，他的意思却为我们提供了一些信息——管仲所说的话实际上就是稳定策略的形成过程，也就是被后人称为路径依赖的社会规律。

第 2 节 香蕉从哪头吃

社会上有许多这种路径依赖博弈，当然有好的、积极的一面；但也有不好的一面，就像上面所说的全都超速也不会受到惩罚。

所以，当社会上有不良的风气时，政府部门就要起到监管作用，并将这些不良的"路径"引导到正轨上来。

其实，除了我们前面说的路径博弈有好的和坏的之外，还有一种博弈，它不好也不坏，我们暂时称之为"中立"的路径博弈。

在一次采访中，一位美国在华投资人说："一般来说，美中两国的习惯有很多不一样的地方，以吃香蕉为例：中国人总是从尖头上剥，而美国人吃香蕉是从尾巴上剥的。虽然有差别，但这种差别并不防碍两国关系。而且两种吃法都没有错，不能说从尖头吃就不对，也不能说尾巴那一端开始剥是错的，习惯不一样，不一定就非要谁必须改变对方。"

其实许多事情都是这样，有的人喝咖啡喜欢加糖，有的人就喜欢咖啡的苦涩。你不能说谁是错的，只是每个人的习惯不一样而已。所以，在现实生活中，当别人没按你的方式做某件事情，但他还是顺利地完成了，不要责怪人家方法不对，说不定人家在心里也是这样说你的。

有两个人，一个懒惰，一个勤劳，他们各养了一条金鱼。懒惰者虽懒惰，但金鱼还是能养好的，和勤劳者不同的是，他一个月才为金鱼换一次水，而勤劳者基本是每天换一次水。有一天，懒惰者注意到勤劳者竟然一天换一次水，他便觉得自己太懒了，怎么能一个月才换一次水呢？于是，他也学勤劳者，改为一天换一次。但是，他的金鱼第三天就死了，因为它适应不了频繁地换水，以前都是一个月一换的。这里并不是要让你像懒惰者一样懒，主要是强调当一种无害的路径博弈形成时，就不要尝试改变了，除非它是有害的。

香蕉可以从两头吃，那么我们为什么要改变自己剥香蕉的方式呢？有时候不妨先试试换个角度去想，要不要改变自己的想法？这些想法还是有意义的吗？

日常生活中存在着种种惯例，也就是我们平时所说的规范。这些规范不像种种法律法规和规章制度那样是一种正式的、由第三者强制实施的硬性规则，只是一种非正式规则、一种非正式的约束，但是，它巨大的影响力时刻影响着我们的生活。

这些稳定的规范支配着我们的生活。早起我们洗脸刷牙，你要是不洗脸和刷牙有没有错？没有错。我们都在 12 点左右吃午饭，你要是不在这个时间段吃行不行？可以……我们可以不这么做，但我们还是这么做了。

稳定策略能提供给博弈参与者一些确定的信息，所以在社会活动中，它就能起到节省人们交易费用的作用，如格式合同。

格式合同又称标准合同、定型化合同，是指当事人一方，预先拟定合同条款，对方只有两个选择：完全同意和不同意。所以，对另一方当事人而言，必须全部接受合同条件才能订立合同。格式合同在现实生活中很常见，如车票、保险单、仓单、出版合同等都是。这种种契约和合约的标准文本就是一种稳定策略。

如果没有这种种标准契约和合约文本，就等于你每次做长途汽车前都要找律师起草一份合约，坐船和飞机也都是如此……如果是这样的话，那么你一辈子就如同活在这些简单的合同里。

不过，有时候一些习惯的改变却可以带来意想不到的效果，当然只限于那些可以改的习惯。

有一份实地调查报告，是关于客户流失的调查。结果显示，客户流失主要由两个原因造成：一是商家不愿经营本小利薄的产品，从而使一些顾客转到别的商家购买；二是商家的服务质量差。

在现实生活中，当你要买彩电、洗衣机、冰箱之类的家用电器时，到任何一家商场都能买到。可要是买几个螺丝钉，或者纽扣、针线之类的小物品，就算跑遍周边的各大商场都没有卖的。最后，自己不得不专门去卖这些东西的批发部一趟才买得到。这样的情况，很多人遇到过。这是因为许多大型商场销售的产品是按能赚取的利润来安排的，赚取的利润高就能上架，而一些本小利微的便民商品就看不到了。

而实际上，如果商家有创新的思维模式，自己多弄几样本小利微的小件物品是有好处的。因为在大家的日常生活中，虽然平时购买本小利微商品的顾客寥寥无几，但是，只要商家店里有这些东西，便会给消费者留下一种很亲切的感觉。在大商厦里，如果能摆设几个像家庭主妇喜爱的针线纽扣之类的柜台，无论是对消费者，还是对商场来说，都是有利的。因为这些小的商品可以增加你的客流量，那些专门来买这些小物件的顾客来到大商场里，不会只买这么一个小物件就回去吧，他们既然来了，肯定还会看看别的物品。所以，虽然这些小的商品利润不高，但有它们在，别的物品卖得就更好了。如果你能这么做，那么和别的卖场相比，你企业的良好形象就在无形之中树立起来了。

如果因循守旧，那做同一件事的代价只会越来越大。

运用数学研究路径依赖博弈的先驱者之一，斯坦福大学经济学家布赖恩·阿瑟在提到为什么使用汽油驱动汽车时，做了如下描述：

1890 年，有 3 种方式可以给汽车提供动力：汽油、蒸汽和电力。在当时看来，汽油显然比另外两种都更差。但是，这并不代表汽油就没有丝毫的希望。1895 年，芝加哥《时代先驱报》主办了一场客车比赛，比赛中不准使用马匹，获胜者将得到一辆汽油驱动的杜耶尔牌汽车。"汽油驱动"这种方式是奥兹的灵感所得。在 1896 年，他将"汽油驱动"申请了专利。后来，他又把这项专利用于大规模生产"曲线快车奥兹"。汽油因此后来居上，但当时的能源消耗仍然以蒸汽和电为主。

作为一种汽车动力来源，蒸汽一直用到 1914 年。当时在北美地区，暴发了口蹄疫，据说源头来自马匹饮水槽，而饮水槽恰恰是蒸汽汽车加水的地方。这之后，斯坦利兄弟花了 3 年时间，发明了一种冷凝器和锅炉系统。它可以改变蒸汽汽车每走三四十英里就得加一次水的尴尬境地。可惜的是,这时的蒸汽引擎已经被电力和石油取代了,蒸汽就此退出历史的舞台。

我们现在都知道,汽油技术远远胜过蒸汽,而且一直被沿用,现在已经成了第一大能源消耗品。但假如蒸汽技术没有被废弃,并且在这近百年的时间里,一直得到研究和开发,现在会是什么样子呢?答案我们已经无从知晓,但是,相关科技人员相信,蒸汽获胜的机会还是很大的。因此,可以说是一次偶然的事件让汽油引擎登上了历史的舞台。

美国几乎所有核电力都是由轻水反应堆产生的,但是,当初美国选择重水反应堆或气冷反应堆也许是更好的选择。如果你能对这几种技术的认识和经验做简单了解的话,那你就会更加肯定重水反应堆或气冷反应堆的选择要更好。

加拿大人用重水反应堆发电,成本比美国人用同样规模的轻水反应堆发电低 1/4。因为重水反应堆在不用重新处理燃料的情况下,仍然可继续运行。而且从安全方面来说,重水反应堆发生熔毁(输送热量的水发生泄漏,而镉棒又没有及时插入,反应堆产生的热量输送不出去,就会发生熔毁)的风险低得多,因为重水反应堆是通过许多管道分散高压的,而不是像轻水反应堆那样是一条核心管道。就算是气冷反应堆,发生熔毁的风险也要比轻水反应堆低得多,因为气冷反应堆在发生冷却剂缺失事故的时候,温度升高的幅度不像其他反应堆那么高。美国之所以用轻水反应堆,是因为它从一开始就选择了轻水反应堆。

1949 年,里科夫上校决定研发轻水反应堆。他这么做是出于两方面的考虑，一方面轻水反应堆是发展最快的技术，这预示着该项技术可能被最早投入使用；另一方面轻水反应堆也是当时设计最高端的技术，还可以用于潜水艇。就这样，轻水反应堆慢慢在美国发展起来。后来，虽然经历过几次技术更新，但轻水反应堆作为一种发电方式一直被保留下来。

因此，不管是个人还是企业，都要尽早发现自己的潜力。因为，如果某项技术被先开发出来，而且已经开始投入使用了一段时间，那么就算你的技术比前者更好，恐怕也不如前者卖得好。因此，我们在做一些技术研究时，不仅要研究什么技术能适应今天的需要，而且考虑什么技术最能适应未来。

第3节 逆向思维

路径依赖在人们的现实生活中到处都有所体现。比如有人从小就喜欢打乒乓球，坚持这个爱好一段时间之后，就会形成一种习惯，就算他因为工作繁忙没有时间去关注乒乓球，但是对乒乓球的爱不会有所减弱。又如，有的人每天都要上几个小时的网，如此过上几个月，如果哪天不让他上网，他会感到坐立不安。再如，每个人的成长过程都是从年轻时候的无所畏惧，到中年时候的逐渐成熟，再到老年时候的稳重安详，这个人生轨迹一代一代地重复着，也已经成为一种习惯。这些都是路径依赖对于普通人生活的影响。

之所以会出现"路径依赖"，是因为人们对利益和所能付出的成本的考虑。对集体或者组织来说，一种制度形成以后，会形成某个既得利益集团，他们对现在的制度有强烈的依赖感，为了保障他们能够继续获得利益，只好去巩固和强化现有制度。就算出现一种对全局更有利的新制度，他们也会想方设法阻止这种制度发生作用。对个人来说，一旦人们做出选择以后，就会不断地为这个选择投入大量时间、精力、金钱等，就算他们有一天发现自己的选择并非正确的，也不会轻易做出改变，因为那样会使他们的前期投入变成过眼烟云。在经济学上，这种现象被称为"沉没成本"。正是沉没成本造成了路径依赖。

路径依赖会让人陷入惯性思维的模式之中，从而故步自封，失去创造力，不利于个人的发展。对于企业而言，企业会因循守旧，失去开拓能力，从而在激烈的竞争中陷入被动地位。如果能够把握路径依赖的规律性，从而打破惯性思维，那就会更容易取得成功。

爱迪生在试验改进电话时意外地发现，当人们对着电话话筒说话时，传话器里的膜板会随着人们说话声音高低的变化而引起相应的振动，声音越大，振动的频率也就越大，反之亦然。如果是一个不具备逆向思维能力的人，他发现这个现象也许会很兴奋，但绝对想不到，反过来这种颤动能使原先发出的声音不失真地回放。爱迪生就是由这一逆向的设想得到灵感，在经过多次试验之后，终于发明并创造了世界上第一架会说话的机器——留声机。

戴尔电脑已经成为一个国际知名的品牌，现在很多公司或者家庭都在使用戴尔品牌的电脑。可以说，戴尔电脑在国际 IT 行业中已经成为一个财富的神话。其实，戴尔能够取得今天的成功，与逆向思维是分不开的。戴尔的创始人迈克尔·戴尔在 12 岁那年就做了一笔与众不同的生意。他酷爱集邮，但是从拍卖会上买邮票要让他多花费很多钱。为了省钱，戴尔先生放弃了这种方式，转而从同样喜欢集邮的邻居那里购买邮票。后来，他把卖邮票的广告刊登在专业的刊物上，这使他赚了 2000 美元。这是他第一次不用中间人，采取"直接接触"的方式获得利润。上中学的时候，戴尔就已经开始从事电脑生意了。当时大部分经营电脑的人也都是门外汉，根本无法按照顾客的要求为其提供合适的电脑。戴尔在从事电脑生意的过程中，意外地发现一台市场上卖 3000 美元的知名品牌电脑，如果自己购买零部件组装，只需要六七百美元就可以。这一意外的发现让戴尔兴奋不已，于是他就产生了抛弃中间商，自己改装电脑的想法。这样做不仅能够满足各种用户的需求，而且在价格上也有很大的优势。年轻时代的成功经验为戴尔聚积了"直接销售模式"和"市场细分"这两大与众不同的法宝。尽管后来戴尔在正式创立戴尔计算机公司时只有 1000 美元的资本，但因为有了这两大与众不同的法宝，所以戴尔公司以惊人的速度发展起来。2002 年时，戴尔公司已经成为全球最有名的公司之一，戴尔先生在《财富》杂志全球 500 强中排在第 131 位。

"农夫果园，喝前摇一摇"，这是人们经常听到的一句广告语。正是这句广告语使农夫果园的品牌深入人心。农夫果园是农夫山泉公司出品的一种混合型果汁饮料。这种饮料能够满足不同人的口味需求，在果汁行业中占有重要地位。农夫果园在研制的过程中遇到了很多问题，也正是在遇到问题时采取逆向思维的方式才使农夫果园获得了意想不到的成功。农夫果园在研制的过程中，大胆地提出果汁饮料三种水果混合的概念和 30% 的果汁浓度，这开创了我国果汁饮料的先河。但是作为混合产品，农夫果园像其他果汁产品一样，遇到了一个无法回避的问题——沉淀。为了能够解决这个问题，很多企业想尽了各种办法，花费了大量资金进行研究，但结果都无法令人满意，最后只得在饮料瓶的某个位置标注："若有少量沉淀为天然果肉成分，并不影响饮用。"农夫果园在遇到这个问题时，也想用其他企业的办法予以解决，但是整个行业都使用这种方法，消费者在选择时就会出现盲目的现象。于是，农夫果园研发人员就想到，既然沉淀问题无法顺利规避，那么倒不如大大方方地告诉消费者，这既反映了农夫果园的坦诚态度，更显得自己与众不同。为此，农夫果园特地推出了那句知名的广告语："喝前摇一摇。"谁也没有想到，这种与别人相反的做法反倒得到了消费者的普遍认可，农夫果园也因此占据了果汁行业的重要位置。农夫果园的产品手册上写道："在这个行业里，我们所做的不仅仅是增加一个新品牌，而是一个新的产品，一个不为现有'行规'束缚的产品，它的出现一定会改变这个行业的游戏规则。"从这句话中可以看出，农夫果园的成功很大程度上取决于它能够突破传统模式的束缚，勇于逆向思考问题。

在产品极为丰富，市场细分的今天，如果一个企业只按照惯性思维去思考问题，那么发展必然会受到影响和限制。在正向思维解决不了问题的时候，应用逆向思维无疑会是非常好的选择。这种选择会使企业突破各种束缚和局限，从而提高企业的竞争力。

第 4 节 马太效应

1973 年，美国科学史研究者歌顿用"马太效应"一词来概括一种社会心理现象："一些未出名的科学家，无论他们做出怎样的成绩，都不会有人承认或关注；而那些已经有相当声誉的科学家，他们很容易被人承认，他们做出的科学贡献会被人给予更多的关注和荣誉。"明星也是如此，已经出名的明星稍微做出一点成绩，就会被"粉丝"吹上天——"华丽的转型""巨大的突破"，但是，一些三流演艺人员无论表现得如何好，都不会受到太多人的关注。

"马太效应"表现的就是这样一种不太平衡的社会现象：在做出同样的成绩时，名人与无名者的待遇是不同的，前者往往能得到记者采访，被邀请上电视节目访谈，求教者和访问者接踵而至，还有各种名誉和头衔；而后者则完全相反，不仅无人理睬，甚至还会遭人非议。概括起来说，"马太效应"就是"强者恒强，弱者恒弱"；任何个体、群体或地区，一旦在某一方面（如金钱、名誉、地位等）获得成功和进步，就会产生一种积累优势，就有更多的机会取得更大的成功和进步。

这和现在的社会情况很吻合：富人不仅财富比较多，而且荣誉和地位也相对较高；而穷人则仅能维持生活，毫无地位可言，荣誉更是不可能有。日常生活中，这种例子比比皆是：名声大的人，会有更多抛头露面的机会，因此会越来越出名。交际圈比较广的人，会借助频繁的交往，结交更多的朋友；而缺少朋友的人，往往一直孤独，很难找到朋友。

"马太效应"是在路径依赖的作用机制下形成的一种现象，以成功为起点，当然更容易沿着成功之路走下去，接二连三地获得成功。成功有倍增效应，你在成功的时候也会变得越来越自信，而自信又反过来促进你成功，甚至可以这么说：成功是成功之母。我们常说：失败是成功之母。话虽然没错，但如果一个人总是失败，自己的自信心就会不断受到打击，也许会越来越消沉，所以能从接连的失败中走出来的人都很了不起。

"马太效应"与个人事业的成功和企业的发展有着莫大的关系。它为成功者走向更大的成功提供了方法，但同时它也为失败者走向成功指明了道路。

竞争越少的行业或区域越容易取得成功，这是一个错误的认识，也是一些商人不自信的表现。假如你敢在竞争激烈的地方插上一脚的话，你也会成功，前提是你的产品质量过硬。如果你达到这个条件，那么就把公司地址选在和你同类公司最多的地方，什么一条街之类的是最好的。但是，和路径博弈一样，"马太效应"也有消极的一面。

我们看看教育中的"马太效应"：

首先，越是教授、专家得到的科研经费越多，各种名目的评奖似乎就是专门为他们设立的，而且他们还有一些"社会兼职"，名气越高，被请的次数也越多。

现在的科研领域存在这样一种怪现象：从立项、评选到经费分配，科研经费的使用基本被少数专家控制着。从立题到完成，某些项目与一些专家没任何关系。但无论是立项书，还是最终成果，都必须将某些知名专家的大名署上。如此以来，一般学者的劳动果实，最后都成了专家的"成果"。少数专家因此成了领域里真正的"专家"。

其次，过度投资建名校。国家对于教育的总投入是有预算的，假如对某些学校的投入过多，那么就意味着对另外一些学校的投入不足。前者因资金充足，不管是从硬件还是软件方面来说，它们在学校中都占有绝对优势；而那些资金不足的学校，则因此而陷入了发展的停滞期。因为教育资源分配的严重不均，会造成名校与"低档次"学校间的差距越拉越大，形成"马太效应"。既然是名校，而且资金又充足，那么资金、师资、生源便"滚滚而来"；而"低档次"学校恰恰与此相反，资金和硬件设施发生危机，就算学校有几个人才，也都是想着离开。

与此同时，就读名校也成了一种身份象征。那些社会强势群体的人，当然会想尽办法把孩子送进名校，而弱势群体人家的孩子除非分数特别高，否则只能选择"低档次"学校。这就加剧了名校与"低档次"学校的差距。

最后，学校将学生分为"优等生"和"普通生"，班级也分为"高级班"和"普通班"，其实就是"好学生"和"差学生"的区别。

"马太效应"在学校教育中的作用是消极的。例如，一个品学兼优的学生会受到班主任表扬、各科老师的夸奖，回到家中也会被父母疼爱、邻居称赞。但是，如此优越的成长环境也并不一定能给他带来多少欢乐。同学们私下会有这样的议论："什么三好学生，优秀团员和干部，都是他得的，老师的标准就是不一样。""老师就夸他，就算做错了也还要护着他。""老师就想着他一个，什么好处都是他的。"……这种实例在学校经常有，这种"马太效应"必然造成学生之间严重的两极分化，形成少数和多数的分化与对立。

不仅如此，"马太效应"还会对一些学生带来心理危害，它会在教育中使学生产生两类性格："自傲"和"自卑"。所以"马太效应"影响下的学校，里面的学生会出现这样的问题：一部分人狂妄自大，非常自负；而另一部分人很自卑，自暴自弃，缺乏上进心。为防止这一教育的负作用，我们可以以反"马太效应"的方法，为每个学生的健康成长营造一个良好的环境。那么这就需要各个方面的努力：

第一，在量和质两方面，政府作为义务教育的责任者，要承担起为公民提供平等教育的责任和义务。在基本实现"义务"教育阶段免费之后，应把重点放到让每一个学生都能享受到质量相差不大的教育上。为使义务教育的学校均衡发展，就不能再人为加大两类学校间的差距，就不能再厚此薄彼。

第二，要求学校工作部门调动和促使所有学生不断积极进取，并设立相应的奖项。更多地为后进生考虑，不能只把希望寄托在优秀学生、优秀班干部身上。学校的一切工作都是用来培养人、教育人、改造人的，所以学校一定要做到公平和公正。

最后，教师要对学生一视同仁，不能以两个标准对好学生和后进生，要给后进生更多的帮助和激励，使每个学生都能得到老师的关怀。在教育管理上，不能只培养"尖子生"，要让两类学生感受到一致的教育。

第5节 群体效应

路径博弈要求我们要"从众"，而在现实生活中，个体在群体压力下，在认知、判断、信念与行为等方面，也确实自愿与群体中的多数人保持一致。这种现象我们称之为"从众"现象，即个体的行为总是以群体的行为为参照。以个体的角度来看，这种现象是有一定原因的：

（1）寻求行为准则。

个体在许多情境下由于缺乏知识或不熟悉情况等原因，必须从其他途径获得对自己行为的引导。也就是说，在不清楚情况的时候，以其他人的行为为引导是最好的办法。

（2）避免孤独感。

偏离群体会让个体有孤独的感觉，严重的情况就是与整个社会对立，并最终走上绝路。任何群体（国家、企业等）均有维持一致性的倾向和执行机制。偏离了这种已经形成的机制，就会遭到集体的厌恶、拒绝和制裁；与这个机制保持一致的成员，就会被群体接纳和优待。

实际上，现实中的多数人已经养成尽量不偏离群体的习惯。个体对群体的依赖性越强，他也就越不容易偏离群体，因为他偏离群体时会有激烈的思想斗争。与西方文化相比，我国甚至整个东亚的儒家文化圈更倾向于鼓励人们的从众行为，因而东方人的群体依赖性更强。这也可以解释为什么儒家文化圈内的犯罪率比较低，因为个体的群体依赖性很强，也就意味着道德的约束力比较强。

（3）群体凝聚力。

在群体的影响下，个体的认同感较强，在个体的思维中，对群体做出贡献和履行义务才能实现自己的价值。因此，每个个体都与群体成员有密切的情感联系，特别是凝聚力高的群体。

由于恐惧偏离而引发的从众是权宜性从众；由群体参照性引发的从众是一般性的从众；而由群体的高凝聚力，个体期待与群体规范一致等引起的从众行为是层次更高的从众。

因此，从众对于个体来说还是必要的。既然是这样，为什么大家经常能看到媒体痛批民众"跟风""随大流"呢？这里说的"跟风"和"随大流"与从众不是一个概念，从众说的是经过积淀被认为是正确的，符合人的价值趋向的东西，而有些"随大流"的方式并不是真的大多数人都认同的方式。比如艺考，最近几年参加艺考的学生越来越多，许多学生开始走"艺术"的道路，一开始只是因为有些学生见某电影学院某班一下出了几个大明星、某人参加超女后马上红遍半个中国，才打算考艺校。后来，不少学生的家长也开始支持自己的子女，同意走这条"通往辉煌的捷径"。艺考与普通高考相比，费用更加昂贵，致使一些家庭情况一般的人家不堪重负。如果你是一位高中生的父母，关于这件事，你该给你的孩子什么样的建议呢？

首先，你的孩子是真的喜欢艺术，还是只有"三分钟的热度"，如果并不是真的喜欢，不建议选择考艺校。

其次，要根据情况而定，假如你的孩子真的很喜欢某种艺术形式，也并不一定非要选择报考艺校。这不是说要你扼杀孩子的天性，主要是根据家庭情况而言的，假如你的经济条件并不宽裕，可以鼓励孩子在课余时间学习，而这两者并不矛盾。到时候就算你的孩子在艺术上没有什么发展前途，还有高考这一条路；而如果你的孩子在艺术上有天赋，那么等到你家庭条件好的时候再学也不迟，而且是金子在哪里都会发光，只要坚持，总有发光的时候。当然了，假如你的家庭条件很好，直接选择考艺校也并非不可。即便如此，文化课还是不能丢的，文化课一塌糊涂的孩子是不会在以后能有多高的艺术造诣的。

不仅仅在艺考方面是这样，在许多方面都是如此。我国社会正在高速发展，正处于社会转型期的阶段，各种新事物层出不穷。不管是对家长还是对孩子，在接受新事物时都要审视而定，不能人云亦云，盲目跟风。

从众的心理是好的，但盲目地从众可能是你的负担，其中大部分人都会因此而有攀比心理，而且这种坏习惯似乎从小就根植于我们的心中。小学时，看到别人的书包都是花花绿绿的，你会对妈妈说"我也要一个花书包"；中学时，看到别人有一双漂亮的运动鞋，你会对爸爸说"给我买双运动鞋吧"；大学时，自己的同学逃课、吸烟、酗酒，你明知道这是不对的，但还是"从众"了。这种心理直到我们走上工作岗位甚至结婚生子都依然存在，"同事小王买了一套100多平米的房子，我还和父母挤在60多平米的老式建筑里""同事小张上周买了一辆车"……

这么说并不是不想让你这么做，而是当你实在无法与其相比时，不妨换一个思路考虑：我虽然没有这么大的房子，甚至一直在租房子，但我仍然很快乐，只要不闲着，房子迟早会有的；我还没有车子，每天坐地铁和公交也是一样的。

假如你事事和人攀比，就算你条件很高，也有比你更高的，你永远也无法到达追求的终点，而且长此下去，你很可能因不堪重负而倒下。

第6节 用博弈论解决环境问题

由于人们对工业高度发达的负面影响预料不够、预防不足，导致了全球性的三大危机：资源短缺、环境污染、生态破坏。由于大气、水、土壤等的扩散、稀释、氧化还原、生物降解等的作用，人类不断地向外界排放的污染物质的浓度和毒性会自然降低，这种现象叫作环境自净。但是，如果排放的污染物质超过了环境的自净能力，环境质量就会发生不良变化，危害人类健康和生存。这就是环境污染。

人们一直以为地球上的陆地、空气是无穷无尽的，所以总是把数以亿吨计的垃圾倒进江河湖海，把千万吨废气送到天空。是啊！世界这么大，这一点废物又算什么呢！但是，我们错了。我们赖以生存的地球虽大，它的半径也只有 6300 多千米，而且并不是地球每个地方都是可以生存的，只有不到 1/3 的地方适宜人类生存。但是，越来越严重的污染已经使地球不堪重负，环境问题已成为关系到人类在未来能否安然生存的关键性问题。

空气污染：来自工厂、发电厂等放出的一氧化碳和硫化氢等有毒气体，使生活在城市的人再也呼吸不到新鲜的空气。因为经常接触这些污浊的空气，每天都有人染上呼吸器官或视觉器官的疾病。而且温室气体的排放使全球平均气温不断升高，进而出现各种反常的自然现象，各地平均气温屡屡突破峰值，各种人为原因的自然灾害频出。

陆地污染：城市每天都会制造出千万吨的垃圾，而其中的塑料、橡胶、玻璃等是不能焚化或腐化的，而这些东西严重威胁着人类的生存健康。

水污染：水体因某些化学、物理、生物或者放射性物质的介入，导致水质发生了变化，影响水的有效利用，长期饮用这些水会危害人体健康，而且这些水周围的生态环境也会被其破坏。

放射性污染：由于人类活动造成物料、人体、场所、环境介质表面或者内部出现超过国家标准的放射性物质或者射线。高科技给人类带来方便，我们在享受它带来的好处的同时，也深受其害。例如核污染，电脑、手机辐射等等。

此外，海洋污染、大气污染、噪声污染都不同程度地影响着我们的生活。

环境污染会给生态系统造成直接的破坏和影响，例如，温室效应、酸雨和臭氧层破坏等，这些都是由大气污染引起的。这种污染进而会影响到人类的生活质量、身体健康和生产活动。环境污染的后果最易被人所感受到的，是使人类生存环境的质量下降，如水污染使水环境质量恶化，饮用水源的质量普遍下降，威胁人的身体健康，引起胎儿早产或畸形；城市的空气污染造成空气污浊，人们的发病率上升等问题。

那么，对于我们每个个体来说，对于环境污染问题，我们应该采取什么样的态度呢？有的人也许会认为，人生不过几十年，我只要找个环境没被污染的地方活过我的那几十年就行了，至于其他人和后世的人怎么样，那就不关我的事了。且不说你这种想法的对错，没被污染过的地方不是没有，但那里基本是没有人住的地方，有人住的地方基本都被不同程度地污染了。从博弈论的角度来看，我们还是应该保护环境，并且只有这种选择才是我们的最优策略。

我们有两种选择，一是保护环境，二是不管不问，任这种情况发展下去。我们可以看看这两种方式带来的后果。

保护环境：虽然不能一次性根治环境问题，但却可以使环境问题得到一定程度的改善，降低环境污染对我们当代人的伤害，而且对后代也有一个交代。特别是一些刚刚处于轻度污染的时期，治理起来比较容易，那就更应该这么做。只要你一个人形成了一个保护环境的习惯（生活垃圾分类处理、旧电池不要和普通垃圾放在一起等习惯）就可能影响到一个小集体，一个小集体有可能影响到另一个集体……最后保护环境的越来越多,不保护环境的最终只能被"路径博弈"淘汰。

不保护环境:任其发展下去, 那么可想而知, 环境污染越来越严重, 我们的生存也会受到越来越大的威胁, 越来越多的人会因环境污染问题生病甚至死去。毋庸置疑, 两个策略你一定会选择前者。

但是, 有人有时候会对这种说法不以为然。他会说, 光靠我个人保护环境有什么用, 大家一起行动起来才可以。正因如此, 我们才要预先行动起来, 并在这个行动中影响别人。其实, 对于我们个人来说, 保护环境要做的非常简单, 只要改掉一些坏习惯就可以了, 比如尽量不用或少用塑料购物袋、扔垃圾时分类放置……这些小事情不难做到吧!

只要这种风气已形成, 那么在"路径博弈"原理下, 就会形成人人环保的情况。那么除了一些重度污染问题不能一时解决, 其他的环境问题一定会得到很大的改善, 相信经过几代人的努力之后, 环境问题将不再是困扰我们生存的难题。

仅靠个人是不行的, 政府和企业都要有所作为, 才能大幅度地改善环境污染问题。下面是一个环境博弈的例子:现在假设有一家工厂, 在生产过场中, 工厂排出的废气会对大气造成污染, 但投资环保设备, 不仅能够长远发展, 还可以改善这种污染状况。但是, 使用环保设备就意味着加大成本, 而且这样一来就竞争不过没有投资环保设备的厂家。那么在这种情况下, 该如何选择呢?

现在, 我们把政府这一方也加入这个博弈中来, 首先考虑政府不管不顾的情况:

政府不对污染环境的企业做任何要求。那么企业在这种情况下,都会从利己的目的出发，绝不会主动增加环保设备投资，宁愿以牺牲环境为代价，也要追求利润的最大化。如果一个企业投资治理污染的设备，而其他企业仍然不顾环境污染，那么这个企业的生产成本就会增加，相应地，产品价格就会提高，它的产品就竞争不过别的企业，甚至还有破产的可能。

我们再看看在政府干预下是什么情况，如果政府对污染企业给以重税和罚款，并通过宏观调控，对环保企业加以扶持，环保企业从长期来讲将会得到真正的实惠。如果有的企业必须存在，因为它生产的产品是必需的，而且是不可替代的，那么政府应该要求或者帮助其购买设备，尽量把污染降到最低程度。

因此，政府的监管对治理污染问题起着至关重要的作用，这是在国家这个集体上治理环境污染的方法。但是，环境污染是全球性的问题，光靠一个国家是治不好的。当问题扩大到世界时，情况又发生了变化，各个国家该怎么做？如何建立一个使每个国家都遵守的公约？国家及民族的自私性决定了这个问题很难达成一致。在这个问题上，国家和国家之间在博弈，比如发展中国家怎样才能既发展、又能不污染环境；发达国家虽然愿意控制环境污染，但又埋怨发展中国家做得不够，因此不肯尽全力控制环境污染问题……国家之间的不合作行为导致了本来有环境利益危险的国家出现观望的情况，使得基于环境利益的联盟难以达成一致的意见，甚至面临解体的危险。各个国家之间的博弈，最终使环境保护进入一个两难的困境。如果一直是这样，那么人类的最终结果只能是毁灭！如何建立一个使各个国家都信赖并能长期执行的环境保护公约是各国必须做的努力。

第十三章
营销中的博弈

第1节 降价并非唯一选择

商场之间进行价格战近些年来已经成为一种趋势，这种促销方式屡试不爽。常人一般认为价格越低，就越受消费者的欢迎，商品的销量便会越大。其实这是一种误区，产品的价格、销量与利润之间的博弈关系远非我们想的那样简单。

一件商品价格的决定因素是什么？大多数人可能会说是产品的成本。这只是其中的一部分，但不是最重要的一部分。一件商品的价格取决于消费者想花多少钱来买它。商品的生产目的是赢利，而赢利的手段便是将它出售出去，所以，产品的价格取决于是否能为消费者带来利益，是否让消费者满意。所以我们说，商品的营销策略中降价只是其中的一个手段，但不是唯一的，也不是最重要的手段。产品和服务的质量才是竞争力中的关键因素。20世纪70年代索尼电器在美国打开销路的方式就是一个很好的例子，证明降价其实并不是唯一的营销策略。

20世纪70年代，索尼电器完成了在日本市场的占有之后大举进攻海外市场，但是却不理想，尤其是在电器消费大国美国市场内，其经营业绩更是可以用"惨淡"二字来形容。为了找出其中的原因，索尼海外销售部部长卯木肇亲自到美国去考察市场。到美国之后卯木肇来到了有索尼电器出售的商场中，当时就惊呆了。在日本广受欢迎的索尼电器，在美国的市场中像是被抛弃的孩子，被堆放在角落里，上面盖满了灰土。卯木肇下定决心一定要找出其中的原因，让索尼电器在美国就像在日本一样大放光彩。

经过研究卯木肇发现了其中的原因所在。在此之前，索尼电器在美国制定的营销策略一直是大力降价，薄利多销。索尼花费了巨额的广告费在美国电视上做广告，宣传索尼电器的降价活动。没想到弄巧成拙，这些广告大大降低了索尼在美国人心中的地位，让人们觉得索尼电器价位低肯定是因为质量不好。因此导致了索尼电器在商场中无人问津。看来这个降价策略完全是失败的。价格不过是消费者购买电器的标准之一，质量相对更重要一些，图便宜买劣质家电的人也有，但是相当少。因此卯木肇当时最需要做的便是改变索尼的形象，但是这些年给消费者形成的坏印象怎么可能一下子就改变呢？对此他愁闷不已。

一次偶然的机会，他看到一个牧童带领着一群牛走在乡间的小路上。他心想，为什么一个小牧童就能指挥一群牛呢？原来这个小牧童骑着的正是一头带头的牛，其他牛都会跟着这头牛走。卯木肇茅塞顿开，想出了自己挽救索尼在美国市场的招数，那就是找一头"带头牛"。

卯木肇找到了芝加哥市最大的电器零售商马歇尔公司，想让索尼电器进入马歇尔公司的家电卖场，让马歇尔公司充当"带头牛"的角色，以此打开美国市场。没想到的是马歇尔公司的经理不想见他，几次都借故躲着他。等到他第三次拜访的时候，马歇尔公司的经理终于见了他，并开门见山地拒绝了他的请求，原因是索尼电器的品牌形象太差，总是在降价出售，给人心理上的感觉像是要倒闭了。卯木肇虚心听取了经理的意见，并表示回去一定着手改变公司形象。

说到做到，卯木肇立刻要求公司撤销在电视上的降价广告，取消降价策略，同时在媒体上投放新的广告，重新塑造自己的形象。做完这一切之后，卯木肇又找到了马歇尔公司的经理，要求将索尼电器在马歇尔公司的家电卖场中销售。但是这一次经理又拒绝了他，原因是索尼电器在美国的售后服务做得不好，如果电器坏了将无法维修。卯木肇依然没有说什么，只是表示自己回去后会着手改进。卯木肇立刻增加了索尼电器在美国的售后服务点，并且配备了经过专业培训的售后服务人员。等卯木肇第三次来到马歇尔公司的时候，这位经理又提出了一些问题。卯木肇发现对方已经开始妥协，于是用自己的口才和诚意说服了对方。对方允许他将两台索尼彩电摆在商场中，如果一周内卖不掉的话，公司将不会考虑出售索尼电器的任何产品。

这个机会的争取实在是不容易，卯木肇下定决心一定要抓住。他专门雇了两名推销员来推销这两台彩电。最终，两台彩电在一周之内全部卖了出去，开了一个好头。由此，索尼电器打开了马歇尔公司的大门，马歇尔公司成为了索尼电器的"带头牛"。有了这样一个强有力的"领路人"，其他家电卖家纷纷向索尼敞开了大门，开始出售他们的产品。结果在短短几年之内，索尼电器的彩电销量占到了芝加哥市的30%。以后这种模式又迅速在美国其他城市复制。

　　这个故事的关键在于告诉人们，解决企业营销方面的难题要先诊断，然后对症下药。

　　降价策略并不是每次都会管用，有时使用不当甚至还会弄巧成拙，不但解决不了问题，还会被人说成便宜无好货。

　　古时候有位商人非常有经济头脑，他发现驿站旁边的一条街上有几家饭馆生意特别好，于是他也在这里开了一家。但是饭馆开业之后，他发现了其中隐藏的问题。原来这些饭馆表面上生意红火，其实去吃饭的顾客都是回头客，如果饭菜价格同其他饭馆相同的话，自己根本没有任何优势。若是自己降价的话，势必会引起一场价格战，这样几家饭馆都赚不着钱，还得罪了同行，得不偿失。那该怎么办呢？他研究了一下市场，发现其中吃饭的人多为做苦力的。这些人饭吃得多，菜吃得少。于是他对症下药，将店里菜的分量减少了一点，而米饭的分量却增加了不少。原先盛饭用的小碗一律换成了大碗，其实饭和菜的总成本并没有增加。

　　这样，这家店的顾客逐渐增多，几个月下来每天来这里固定吃饭的人有几十个。但是这个商人并不满意，他又想出了一招。他发现这些来吃饭的人由于工作原因吃饭时间不稳定，有的人上午就已经歇工了，但是必须饿着肚子等到中午才吃饭；有些人中午工作不能停下，但是等到下午下班的时候要么就得等到晚上一起吃，要么就让别人中午帮他们买好，但是到了下午饭菜一般都凉了。于是这位商人推出了全天服务，将一天开饭时间由三次增加到六次，除了原先的早、中、晚各一次，在上午、下午和晚上再增加一次。这种经营模式立刻受到了顾客的欢迎，原先别家的老主顾也被吸引了过来。就这样，这家店的生意日益红火，没过几年就将隔壁几家饭馆全部兼并了过来。

从博弈论的角度来看，这位老板非常聪明，他没有选择降价，避免了陷入"囚徒困境"之中。而是发现其他优势，尤其是注意对信息的收集和分析。正是抓住了顾客的消费心理，从而为自己争取了顾客，生意也变得越来越好。

由此可见，降价并不是营销策略中唯一的选择，还有可能是最坏的选择。作为消费者我们是接受甚至欢迎"价格战"的，因为消费者是受益者，相当于"鹬蚌相争，渔翁得利"中的那个渔翁。但是，从长期来看这并不一定是一件好事。现实生活中，恶性的价格大战让一部分企业倒闭，让一些品牌消失。或许我们购买一台降价冰箱的同时，正在加速这家冰箱厂的倒闭脚步，而这里面的工人说不定就有你我的亲戚或者朋友。由此来看，降价并不是一个好的营销策略。而在产品质量和开发上面多下功夫，努力打造高新产品才是企业生存的根本。

第 2 节 松下电器的价格策略

对手之间的价格大战会使双方陷入"囚徒困境"，这样说来是不是降价策略真的就不可行呢？策略的制定要依照当时的环境，灵活运用。同样的策略，有的人用会带来收益，而有的人用则会觉得不好使。价格策略也是如此，松下电器在价格策略方面非常灵活，甚至已经成为商业中的典范。

松下电器是松下幸之助于 1918 年创立的一家日本电器品牌，公司从制作简单的电器插座起家。后来开始生产简单的电器，比如电熨斗、电壶、电热水器等。依靠质量的保证和成功的营销策略，公司已经发展成为世界上电器行业中的知名品牌。

松下幸之助在公司最初发展的时候提出了"自来水哲学"的价格理论，意思是说水可以拿来卖钱，但是如果到处都是水的话，水就不值钱了。同样，家电也是如此，如果能像生产自来水一样去生产家电，虽然价格会很低，但是他们会像水一样充满任何一个空间。这个道理可以理解为薄利多销和用低价占领市场。

生产价格最低的电器是松下公司起初发展时制定的策略，他们也确实是这样做的。20 世纪 30 年代，松下电器开始生产电熨斗。当时市场上的电熨斗价格昂贵，只有少数人能买得起。拥有一只电熨斗是很多家庭主妇的梦想。这个时候，松下电器决定生产价格低廉的电熨斗，以满足市场需要。很多企业在降价的同时为了保住利润会选择生产过程中使用质量低的配件。这样虽然价格降低了，但同时质量也降低了。松下电器则不然，松下幸之助为了企业的长远发展，决定质量第一，同时降价 30%。这个价位本身利润非常薄，除非大规模生产才能赢利。而这个价位非常具有竞争力和吸引力，消费者非常欢迎，购买的人多了，生产规模也随之增大。价格和产量相互支持，保证了企业的赢利。最终的结果证明，松下的"自来水哲学"价格策略是有效的。

据说松下幸之助是受到一个故事的启发得出了"自来水哲学"的价格策略，这个故事是这样的：有一对好朋友杰克和约翰，他们住在一个比较偏僻的山村里。村里人面对的最大问题是缺水，每户人家必须到十几里外的一个地方挑水喝，非常辛苦。最终村里决定修建一个水池，让专人负责挑水，这样就不用每户人家都派人去挑水了。不过，村民们用池子里的水就必须支付挑水人运费。杰克和约翰都认为这是一个发财的好机会，便承包下了运水的任务。

起初两个人运水非常卖力，收入也非常可观。但是到了后来两人逐渐产生了分歧，原因是杰克想修建一条水渠，把水引到村里。这样就不用再去挑水了，同时村民们有了水就可以发展养殖和种植业，这样全村人都能过上好日子。而约翰则不同意这个做法，首先修建水渠需要大量的人力和财力，这个他们不具备；再者，若是修建好了水渠那他岂不是就失业了吗？两个人在这个问题上的争议越来越大，最后分道扬镳。约翰留下来继续每天挑水，而杰克则到处筹钱修水渠。

最终杰克没有筹到钱，于是便一个人开始修水渠。他在工地上搭了一个帐篷，白天干，晚上也干，累了就休息，饿了就胡乱吃一点东西。最初村民听说杰克一个人在修水渠都以为他疯了，时间一长人们便把他忘记了。只有杰克自己知道，用不了两年自己就能修成这条水渠，到时候大家都会感激他的。随着时间的流逝，杰克的帐篷也在慢慢向村子靠近。

一年多过去了，一天早上大家到池子中去打水的时候听到了哗哗的流水声，原来是杰克的水渠打通了，水从十几里之外被引到了村子里。村民们做梦也不会想到会有水从自家门前流过，都激动不已。这些水能满足人们更多的需求，相反，约翰每天提来的水则显得少得可怜。人们便都来水渠提水，甚至有的人家开始饲养牲畜，种植果树，这条水渠给整个村子和村民的生活带来了巨大的影响。

此时的杰克由于劳累过度，已经不成人样，村民们觉得过意不去便要求付水钱给杰克。杰克原本不打算收钱，但是无奈村民非常坚决，最后他将水价定得非常低。虽然水价很低，但是水渠带来的水量实在是太大了，一年四季都在不停地流淌。最终，靠这种薄利多销的方式，杰克成了当地最有钱的人，同时赢得了村民的尊敬。而此时的约翰呢？自从杰克的水渠修成的那一天开始，他便失去了工作，最终潦倒一生，在后悔中度过了后半生。

松下幸之助从这个故事中受到启发，认为低价策略照样可以获利，同时还可以增加市场份额，并由此总结出了"自来水哲学"的价格策略。

我们分析一下低价策略之后，可以看出这一策略成功的两个关键点：一是保证赢利，二是保证销量。降价的底线是保证赢利，赢利是创办公司的目的，不以营利为目的报复性降价是不可取的。另外，为了挽回降价带来的利润损失，必须要求产品的销量能够有大幅增长，也就是所谓的薄利多销。这也是为什么降价的大多是一些日常生活用品，因为这些东西可以"走量"。而一些奢侈品，或者限量版的商品几乎不会选择降价，因为他们的销量极低，必须保证单位产品的利润。松下公司生产的电器是人们日常生活用品，所以他采取的"自来水哲学"价格策略会获得成功。由此可见，价格战并不是不可以打，但是降价策略的使用要注意前提和背景。

策略的使用是灵活的，价格策略也是如此。松下公司在价格策略上面并不是一味采用低价策略，而是具体情况具体分析，甚至有时候会在同行都降价的时候选择涨价。

我们讲到松下采取低价策略的时候是 20 世纪 30 年代，等到了 50 年代，松下已经发展成了一个著名的家电品牌。当时一家家电品牌突然宣布降价 30%，试图用低价策略来抢占松下的市场份额。松下公司认为，本身自己一直在走低价路线，同时售后服务质量也很高，已经有了一定的客户群，此时品牌也变得非常强硬，所以对于对手的降价策略并没有做出回应，只是要求再进一步提高自己公司的服务质量。这样过了一段时间，松下公司几乎没有受对方的影响，而对方则巨额亏损。日本的家电行业竞争非常激烈，等到了60年代，又一轮的价格大战打响了。这一次是电池之间的价格大战。松下电池当时的市场占有率非常高，并且对自己的品牌也非常有信心，于是逆势而上，做出了一个令所有人都震惊的举动，那就是在同行都选择降价的时候，自己的价格不降反升。最终结果证明了松下的判断，松下电池的销量并没有下滑。

这一次松下之所以在价格策略上选择逆流而上，最主要的是源于自己品牌的保障。人们之所以信任一个品牌，是因为这个品牌有质量的保障。松下从最初用低价打开市场，到后来价格上涨，从来没有放弃过对质量的严格要求。如果你认为自己的产品和提供的服务就值这个钱，那就不必跟风去选择降价；相反，此时选择降价会给人一种印象，那就是你降价也肯定能赚钱，这样说来平时不降价时肯定是暴利。这种降价策略弄巧成拙，得不偿失。

什么样的价格策略才是合理的，这一点不仅要从商家的角度去考虑，更应该从消费者的角度去考虑。对于顾客来说，最好的价格策略是能为自己带来价值的策略。低价格不一定会为消费者带来利益，这还要考虑商品的质量；而高价格也不一定损害了消费者的利益，因为你要考虑到产品的高质量和其中是否蕴涵了创新的元素。近几年网上和电视上出现了大量的购物广告，从几十元的手机到几百元的笔记本，再到黄金首饰、钻石手表等等，五花八门，层出不穷。

这些产品的主要客户群是那些贪小便宜的人，等他们使用一段时间之后便会后悔自己当初财迷心窍。

总之，一分钱一分货。让消费者感到物有所值的定价策略才是最好的策略。无论是低价策略还是涨价策略，松下电器公司抓住的正是这一点：让消费者觉得物有所值。

第3节 定价要懂心理学

人们往往会认为当一件商品价格上升的时候，销量就会减少。这既符合实情，也符合经济规律。但是市场是复杂的，一件商品的价格传递出的信息包含着商品的质量、企业品牌的力量、企业的实力等等。因此，现实中也会出现这种情况，当一件商品价格上升时，销量不降反升。这其中更多的原因是商家采取了心理战的策略，或者消费者的消费心理在起作用。由此看来，产品定价不能忽略消费者的消费心理。

吉诺·鲍洛奇是美国著名的食品零售商，同时是一个策略高手，常常利用心理战定价策略为自己带来收益。鲍洛奇年轻的时候在一家水果店工作，他被安排在水果店临街的摊位上卖水果。由于勤奋和服务周到，尽管竞争激烈，但鲍洛奇还是将工作完成得非常出色，一直是附近水果摊每天营业额最多的人，老板对他也格外赏识。

一次水果店的仓库发生火灾，尽管消防员在火势不大的时候就将火扑灭了，但还是造成了一些损失。其中有几十箱香蕉的皮上出现了黑色的斑点，尽管香蕉里面没有受到影响，但是老板认为想卖出去几乎是不可能了。鲍洛奇说让他试一试，说不定能卖出去。于是，就将这一批水果搬到了水果摊上。结果两天过去了，尽管价格一降再降，还是无人问津。到了第三天，眼看香蕉要变质了，再卖不出去就只能当垃圾扔掉了。

正在鲍洛奇一筹莫展的时候，一个小姑娘走过来问他说，他的香蕉怎么长得这么丑，是新的品种吗？这一句话让鲍洛奇茅塞顿开，他立即将降价销售的牌子扔到一边，高声向路过的人们喊道：最新品种的香蕉，快来买啊，全市独此一家，就剩最后10箱了。这一喊不要紧，路过的人为了看一下这种最新品种的香蕉都聚了过来。人们都觉得香蕉的样子奇怪，却不知道味道怎么样，但是又不敢试吃。最后鲍洛奇打开了一个香蕉，让一个小女孩尝了一下。小女孩说道："好像与以前吃过的香蕉不太一样，有一点烧烤的味道。"这下子人们知道这是一种有烧烤味道的新品种香蕉，于是纷纷购买，结果不到一会儿那几十箱香蕉便被抢购一空。

这次成功让鲍洛奇信心大增，后来他自己开了一家零售商店，多次抓住消费者的购物心理给产品定价，屡屡见效。某厂家生产出了一种新型的水果罐头，让鲍洛奇的店给他们代销，这种类型的罐头如果是大品牌的话定价一般在5美元以上，如果是一般品牌的话，一般定价在4美元以下。这家企业品牌一般，他们的销售代表建议将价格定为3.5美元。但是鲍洛奇却坚持定价为4.9美元。他认为若是将这种罐头的价格定为4美元，或者4美元以下，肯定不会引起人们的注意，这种罐头也就将注定被人们忽视。但是如果定价为4.9美元，必定会引起消费者的注意，这种罐头也将从众多一般品牌中脱颖而出。

事实果然不出所料，每个人都想尝一下这种新型罐头，再加上罐头本身的高质量，结果这种罐头大卖特卖。鲍洛奇的定价策略又一次收到了奇效，关键就在于对顾客心理的准确定位。这也使鲍洛奇后来发展成为美国著名的"零售大王"。

价格和心理之间之所以会相互影响，是因为人们有一种思维定式，那就是"好货不便宜，便宜没好货"。人们一般认为价格高的产品质量也会高，而价格低的产品则质量低。这其实是一种误解，现在有很多产品，尤其是保健品，完全是依靠广告和宣传将价格提升上去的。除了这种心理以外，人往往有好奇心，对于越是得不到的东西越舍得投入。

一家珠宝店效益一直不好，于是老板准备将库存的珠宝全部清仓，然后就关门。没想到的是，越是降价消费者就越是不来买，都等着看会不会降得更低一点。老板对此苦闷不已。一天，老板在出门前给店员留了一张纸条，上面写着：今天全部商品全部降价5%。结果店员稀里糊涂地看错了，打出广告：今天起全部珠宝涨价5%。人们有点懵了，没见过这样的商店，要倒闭了居然还涨价。不过也有一部分人在想，前面降价已经降得够厉害了，现在这个价位也还算便宜，如果后面再涨的话，这个便宜也赚不到了。考虑到这一点，人们纷纷进店购物。

晚上老板来店里得知了这一情况之后，当即安排店员，明天店内珠宝全部涨价20%。果然，第二天消息传开了。原本打算买的人怕价格还会涨，而原本没打算买的人看到这样好的行情也有些心动。因为店内的珠宝数量是有限的，现在不买就没有了。就这样，第二天一开门买珠宝的人就挤爆了这家珠宝商店。最终老板成功地将这一批珠宝卖了出去，不但没有赔钱，反而赚了一笔。

有人做生意每次都亏本，最后找到一位智者求教。智者让他从路边捡一块石头明天拿到市场上去卖，于是这个人便按照智者的要求去做了。结果可想而知，市场上没人对这块普通的石头感兴趣。到了晚上，这个人沮丧地拿着这块石头去见智者，告诉了他今天的情况。智者听完之后哈哈大笑，让他明天把它拿到玉器市场上去卖。不过要记住一点，无论别人出多少钱都不要卖。第二天这个人拿着这块石头来到了玉器市场，在街边铺上一块布，把石头放在上面。不一会儿，就有人来问价。但是无论对方出多少钱，他都不卖。消息一下就传开了，说街边有个人有一块石头给多少钱都不卖，看样子里面肯定有不小的玉。到了第二天，他又将这块石头摆在了路边，有人上来就出高价想收购，不过他谨记智者的叮嘱，无论别人出多少钱都不卖。到了下午，别人给出的这块石头的报价已经是早上的10倍。原本一块普通的石头，就是因为生意人坚决不卖，人们便认为这肯定是宝贝。这便是典型的越是得不到的东西越想得到的心理，这种定价方式在营销中也存在。

"物以稀为贵"是一种正常人的心理，很多商家也会抓住这一点对商品进行定价。一家美国汽车制造厂商决定生产已经停产几十年的老车型，不过限量生产一万辆，并且是这种车型在历史上最后一次生产。这一万辆复古车将在同一时间开始接受全球的预订，人们可以通过电话、手机短信、电子邮件等多种方式进行申请，最终的一万名获奖者将从报名预定的人当中随机选取。

这条消息立即引起了轰动，成为人们谈论的焦点，很多原本没有打算要买车的人都抱着买彩票的心思去预订。截止日到期之后，据统计共有几百万人申请预订这一款车。最终，汽车公司按照之前公布的方式，从几百万人中抽取了一万人作为最后的买主。很多没有买到的人甚至高价去买被抽中的人手中的指标。汽车还没下生产线，价格就已经被吵翻了好几倍。

这便是典型的利用人们"物以稀为贵"的心理来刺激消费的策略，商家使出的招数往往有"限量""限时""限地"等等，以此来激发消费者的购物欲望。

随着商业竞争激烈程度的加剧，商界的花招也越来越多，越来也复杂。但是时间一长，我们也会发现其中的规律。其中很多汽车专卖店中便经常会采用"先降价，后限量，再加价"的策略。具体来说，商家一般会先对某个品牌进行降价和大幅度宣传，这样便会吸引很多消费者前来试车和购买。当宣传目的达到之后，卖家便会采取限量出售，或者直接声称暂时没货。人们一般的理解便是这款车实在是太好了，都断货了，我也应该赶紧买一辆，不然就买不到了。这样会更加刺激消费者的购买欲望。等过了一段时间，消费者的胃口被吊得差不多的时候，这款车便会进行涨价。如果仔细观察的话，你就会发现身边很多卖家都在采用这一招。归根结底，还是其能够抓住消费者的消费心理选择价格策略。

上面几种定价策略中的重点在于抓住消费者的消费心理，但是归根结底来说，过硬的产品质量、完善的售后服务、强硬的公司品牌这些才是企业经营的根本。我们可以发现，百年老店的品牌几乎不会搞活动，也不会随便上调和下调产品价格，但是他们的生意照样红红火火。

上面介绍的这几种考虑消费者心理的产品定价策略，其中的共同点是重点不在产品的质量上面下功夫，而是在揣摩消费者的心理上下功夫。这对于我们消费者的启示便是购物要理智，切忌冲动。

第 4 节 培养消费者的信任

爱德华是美国通讯器材行业中举足轻重的人物，关于他成功的秘诀，他自己认为是诚实。是诚实帮助他学会了做人，学会了如何对待别人，并最终帮他取得了成功。让他感到诚实如此重要的原因，很少有人知道。这背后隐含着爱德华年轻时候的一个故事。

年轻时候的爱德华家境贫穷，整日食不果腹。一天他看报纸时发现了一条新闻，某一家房地产商在破土动工一个项目的时候，发掘出了一个坟墓。房地产商对此表示遗憾，希望家属能赶快去认领，并会得到 5 万美元的补偿。在当时 5 万美元对于爱德华来说，简直就是个天文数字。当年爱德华的父亲死去的时候，就是埋葬在那块土地旁边，如果当时往里边埋那么一点点，说不定自己今天就有 5 万美元了。想到这里，爱德华感到非常遗憾。不过转而一想，如果我做一份假证明，证明那里面埋的就是我的父亲，我不就能拿到 5 万美元了吗？

说干就干，爱德华去古董店里面买了一些几十年前使用的发票，伪造了一张 20 年前殡仪馆的收据。一切准备妥当之后，爱德华忐忑不安地来到了房地产开发商的办公楼前。秘书亲切地接待了他，询问了一些情况。最后让他回家等消息，因为里面是不是他的父亲还需要检验。不过在走的时候，秘书告诉爱德华："你已经是这两天第168 个来认爹的了，祝你好运。"原来想得到这 5 万美元的人不止他一个，168 个儿子来认爹，成了当地的一个奇闻。每个人都期待着最后的结果，看一下"爹"落谁家。

最终的检验结果出来了，168 个人中没有一个人是死者的儿子，因为经检验，死者已经死了 200 年了。这件事情渐渐被人们忘记，不过爱德华从没有忘记。他将当年刊登这则消息的报纸珍藏了起来，时刻警告自己要做一个诚实可靠的人。并最终凭借这一点取得了成功，他用自己的行动证实了一点：诚实的人可能会被人欺骗，但是最终会获得成功，因为他能赢得人们的信赖和爱戴。

诚实是人立足于社会的基本品质，无论是在哪一方面，尤其是在商业活动中。诚信是双方合作的基础，用商业中的一句话说就是"无信不立"。消费者的信赖是企业取之不尽，用之不竭的宝贵资源。而取得消费者信赖最基本的便是要做到诚信经营。不仅是消费者，诚信经营还是吸引投资人投资的基本保证。现代社会越来越意识到诚信的作用，无论是公司还是个人纷纷建立诚信档案。如果一个企业因为没有诚信失去了消费者，那将是非常危险的一件事情。"冠生园事件"便是一个很好的例子。

南京冠生园是一家经营食品糕点的百年老店，2001 年中秋前夕被爆出产品质量问题，原来冠生园将去年的陈馅翻炒之后，制作成月饼投放到市场之中。新闻一出，冠生园的月饼产品立即下架，许多卖家甚至表示将无条件退货。人们通过各种途径表达自己的不满和对黑心商家的谴责。面对媒体的曝光和消费者的谴责，冠生园公司没有表现出应有的诚信，而是一味推脱，并辩称这在行业内是非常普遍的事情。甚至还称国家对月饼保质期有规定，但是对月饼馅的保质期没有规定，因此自己的做法并不违法。这些言论一出，消费者一片哗然，没想到老字号企业没有一点诚信。而冠生园方面则继续用公开信的方式为自己辩解，毫无歉意。商业信誉的丧失让消费者彻底感到心寒，当年冠生园在月饼市场上可以用"惨败"二字来形容。之后的食品卫生部门和质监部门介入，并最终下令冠生园停产整顿。

诚信的建立需要长时间的积累，而毁掉它一次就足够了。等南京冠生园公司停产整顿完毕，产品达到市场质量标准以后，消费者已经是避而远之了，自己也是一蹶不振。最终，南京冠生园公司于2003年2月向南京中级法院申请破产。南京冠生园的结局是可悲的，但同时也是咎由自取。名牌和老字号代表着产品质量和商家的诚信，质量和诚信不在了，品牌信任度甚至存亡都将改变。

没有什么时候人们像现在这样重视诚信，同时没有什么时候诚信受到今天这般践踏。不仅是衣食住行，甚至连疫苗都有造假，其造成的后果令人触目惊心。前几年揭露的奶粉中添加三聚氰胺事件，一时间使国内奶粉企业不被信任，国外奶粉品牌趁机占据中国奶粉市场。无论对于消费者还是商家来说，这都是惨痛的教训。

晋商是我国历史上非常有代表性的一个群体，他们讲仁义、讲诚信，将生意从山西做到了全国。《乔家大院》便是以此为题材的一部电视连续剧，一经上演立即红遍全国，深受人们喜欢，更是创下了当时的收视率纪录。人们被里面的掌柜乔致庸的有情有义深深感动，尤其是在经商方面的仁义和诚信。

电视剧中有这样一个情节：当乔致庸得知一个分号底下的店卖出去的胡麻油掺过假之后，勃然大怒，当即将店里的掌柜和伙计全部辞退。接下来他连夜写出告示，令手下伙计将告示贴遍全城大街小巷。告示上他坦白自己店中胡麻油做假的事情，并承诺剩下的掺过假的胡麻油将以灯油的低价出卖。同时，凡是以前买过掺假胡麻油的顾客可以到店里全额退款，并且可以享受优惠购买新胡麻油。

乔致庸用这些措施挽回自己的信誉，得到了人们的理解和认可。这与上面例子中南京冠生园的做法大相径庭。正是凭借着诚信为本，乔致庸的事业逐渐发展壮大，成为晋商中的佼佼者。

以仁义赢得手下人拥护，以诚信赢得消费者信赖。这是中国古代商人行商所奉行的准则。而在今天，这些品德却正在丧失。从各种新闻中我们便可以得知当下的诚信丧失到何种地步，甚至不断爆出有明星代言的产品出现质量问题。这都是不负责的行为，但是消费者也不是傻瓜，最终作恶的人将搬起石头砸自己的脚。

有时候诚信不仅是一种美德，还是一种营销手段。我们常说"王婆卖瓜，自卖自夸"。

每个生意人都会夸自己的产品好，但是夸着夸着就容易没有了尺度，漫天胡说。比如，很多保健品都声称自己包治百病，很多营养品的宣传更是能补充人类所需要的所有矿物质。时间长了，这些自夸令人生厌。而法国雪铁龙汽车公司在这一方面则正好相反。20世纪30年代，雪铁龙推出了一款新车。这款车是专为社会上最底层的人设计的，价格非常便宜，几乎每个家庭都能买得起。但是，相对的配置也比较简单。没有空调，没有天窗，甚至连收音机也没有。有人开玩笑说，这辆车与自行车的区别就是跑得快一点而已。雪铁龙在这款车的宣传海报上面印了这样一句话："这款车没有一个多余的零件可以被损坏。"有人开玩笑说，很明显，这款车的零件已经少得不能再少了，当然没有多余的零件被损坏。这句话有点儿自嘲，同时又透露出了一股坦诚。这款车的实用性加上雪铁龙公司坦诚的品质很快便征服了消费者的心，成为当时最畅销的车型，并且持续畅销几十年。据统计，1974年这款车共卖出去了37万辆。

　　雪铁龙公司的成功在于坦诚地将自己公布给大家，不仅是优点还有缺点。这种诚实的营销方式值得学习，但是要谨慎使用。雪铁龙公司之所以获得成功，是因为他在坦白自己缺点的同时，将这些缺点迅速转化为自己的优点。这款汽车没有一个多余的零件，是说这款汽车太简陋，这是这一款车的缺点。但是雪铁龙公司迅速将这种劣势转化为优势，那就是你不用担心为这款车付出维修费。这正是高明之处所在，没有人主动宣传自己的缺点，除非缺点能迅速转化为优点。比如，菜贩会对买菜的人说："您别看菜叶上这几个小窟窿，这是被虫子咬的，说明这菜没喷农药。"这正抓住了消费者的心，因为很多人对蔬菜喷农药都很介意。

　　顾客的信任是指对某种品牌或者某个公司的产品或者服务表示认同，并以此产生某种程度上的依赖。信任是建立在一次次满意的基础之上的，可以说是质变引起量变，满意的次数多了便产生了信任，是一种由感性到理性的转变。同时，顾客对企业的信任度与企业的利润是呈正比例关系的。顾客信任某一品牌便会长期重复性购买，并会影响周围人的选择。这同时为公司省去了一部分广告费。企业的发展离不开顾客的信任，要想长久地发展，就不能辜负顾客的信任。

第十四章

概率、风险与边缘策略

第 1 节 生活中的概率

假如你和朋友玩抛硬币游戏，你选择正面，而你的朋友选择反面。如果硬币落地时是正面，你将从朋友那赢 1 元钱；如果是反面，你就输给朋友 1 元钱。严格说来，这样的小游戏也是博弈。但是，在这个博弈中，你究竟会赢还是会输呢？

很显然，没人能在硬币落地前知道答案。在这个游戏中，似乎是谁的运气更好谁就能赢，决定胜负并不依赖谁的策略技巧更高。看起来并不是你和朋友在博弈，而像是在赌运气。

但是，取胜仅仅是依靠运气吗？我们知道在上面的游戏中，硬币会出现正、反面是不确定的。那么，在这种不确定的情况下，有没有什么更好的策略？有没有能使取胜的可能性增加的策略？如果你懂得概率的策略，就可以提高你的决策能力。

在科学、技术、经济以及生活的各个方面，概率都有着广泛的应用。但是，和其他学科相比，概率让我们觉得自己的直觉是不可靠的。概率论所揭示的答案往往和我们的经验甚至常识是相悖的。

比如抛硬币，假如你第一次抛的是正面，那么你一定认为第二次是反面的概率比较大。但其实抛第二次时，正面和反面的概率还是各占 50%，而且不管你抛多少次都是这样。

在打仗的时候，士兵们一般认为躲在新弹坑里比较安全。之所以这么做，是因为他们认为炮弹两次打中同一地点的可能性很小。但这也只是士兵们的感觉而已。实际情况是：炮弹仍然有可能落在原先的弹坑。人们因为前面已经有了大量的未中奖人群而去买彩票，心想这么多人没中，我中奖的概率一定提高了，但每个人的中奖概率都是一样的，不管你什么时候买都是一样的，并不因为前人没有中奖，你就多了中奖的机会。

因此，我们对概率做一些了解还是有必要的。当然只是一些很浅的了解，深入了解会牵扯到许多复杂的数学问题。之所以不做深入的了解，是因为一般决策用到的概率并不需要那么高深的学问，而生活中有许多事情，不需要深入地了解就可以顺利进行。比如电脑，许多人会用电脑，但他们并不知道电脑是怎么制造出来的，也不知道中央处理器、电脑内部零件等如何运作，更不知道一个个程序是怎么写出来的。不过，这并不妨碍他们有效地操作电脑。驾驶员也是如此，他们并不知道汽车是怎么制造出来的，也不全知道汽车零件的用途，但他们仍可以很好地驾驶。也就是说，在现代社会，就算不知道这样东西是怎么来的，以及它是由什么构成的，我们还是可以很好地利用它。

这是不是说我们可以不用过多地了解事物呢？绝不是如此。事实上，在当今社会，了解得越多，生活就越丰富，对你所从事的工作也就越有帮助。因此，对概率多一些了解对我们是有帮助的，特别是利用概率来进行决策。

概率是什么？它是用来测量事物发生可能性的工具，在通常情况下，我们用百分率（%）来表示。当概率值为 0% 时，表示这件事绝对不会发生；当概率值为 100% 时，表示这件事肯定会发生；当概率介于 0 到 100 之间，表示介于两个极端之间的情形。

概率就是事件随机出现的可能性。17 世纪，概率思想成为一门系统的理论，20 世纪初正式发展成一门学科。说起概率学的起源，还有一段趣话。17 世纪时的法国贵族都喜欢赌博，他们赌博用的工具主要是骰子。所以，赌徒们开始计算掷骰子所出点数的概率，以此应用于赌博上，聪明的赌徒们常常依据那些概率来做出他们的赌博决策。后来，概率开始引起数学家们的重视，并慢慢成为一门科学。一个人懂得概率，做出的决策就会更准确，会增加自己取胜的把握。

概率是表示随机事件出现可能性大小的一个量度。那概率是不是完全随机的呢？如不是随机的，我们该如何计算概率呢？

要计算两个独立事件都发生的概率，就是将个别概率相乘，而掷硬币就是一个独立事件。抛一枚硬币，落地时出现正面的概率为 1/2；若同时抛掷两枚硬币，并且两枚硬币都是正面的概率是多少？按照这一规则，我们很容易得出答案：$1/2 \times 1/2 = 1/4$，即两枚硬币均出现正面的概率就是 1/4，那么两枚硬币同时出现反面的概率值也是 1/4。

上述的这一规则就是概率中的"中立原则"，它只是概率的三项基本原则之一。剩下的两项基本的概率原则是：

彼此排斥的两个事件，至少一个事件发生的概率是个别概率的总和。

若某种情况注定要发生，那么这些个别的独立的事件发生的概率总和等于1。

只需要将个别事件发生的概率相乘或相加就可以了，这些原则看起来似乎很容易，但概率问题在实际运用时还是会造成一些困难，很多人会因为概率的复杂性而做出错误的决策。

一枚硬币落地时，正面和反面的概率都是1/2。那么，在平滑桌面上，旋转一枚硬币之后，正面朝上和反面朝上的概率也都是1/2吗？根据前面的分析，我们的回答是肯定的。但事实却并不是这样，在旋转多次之后，我们会发现出现正、反面的概率并不是对等的，或接近对等的。这是因为我们滥用了"中立原理"。

对这样的结果，很多人都感到极为吃惊。但经过全面综合的研究，发现出现这种情况也是有一定根据的。因为一枚硬币正、反面的图案是有差别的，这会对硬币旋转出现的结果造成一定的影响。所以严格来说，在平面上旋转硬币，然后猜正、反面，并不是一个完全对等的游戏。

经济学家凯恩斯在《概率论》一书中最先提出了"中立原理"这一概念："如果我们没有证据说明某事的真假，或者说明某事是否存在，就选对等的概率来表明它的真实程度。"但要在事件发生的客观情况是对称的情况下，才适用这一原理。

"中立原理"曾被广泛应用于哲学、科学、经济学和心理学等领域。但人们经常在应用时忽略它的运用前提，以至于滥用，甚至导致适得其反的结局。例如，以这个原理为基础，有人竟然计算出太阳明天升起的概率是将近1/2000000。很显然，这个答案是不靠谱的。人们经常会犯滥用"中立原理"的错误，特别是在一些无法确定是非的问题上。

　　"中立原理"只能应用于客观情况是对称的这一前提。如果某一问题的答案是二选一，我们不能想当然地以为，出现其中一种答案的概率就是1/2。比如，买彩票就有两种情况：中奖或者不中奖。但如果你买了彩票，你能说自己的中奖概率是1/2吗？

　　生活中的许多概率事件都是客观的。仍以抛硬币为例，当我们抛过无数次的时候，会发现正面或反面的概率一定都是0.5。但是，实际上我们难以对一个随机事件进行大量的重复试验。而且，有些不确定的事件，我们一生也只不过能遇到几次。那这个时候我们怎么计算事件的概率呢？一般情况下，我们会对它可能发生的情况进行一个主观概率界定。这就是主观概率。一个人的主观概率判断是否正确，或者说主观概率是否合理，这个我们很难评断。

　　在决策时，我们会在不经意间用到主观概率。而且，在生活中确实存在这样的情况：与没有经验的人相比，有经验的人更能准确地判断形势。换句话说，经验可以提高主观概率的准确性。经验丰富的人与缺乏经验的人相比，前者所做出的决定，在事后被验证为恰当的频率要比后者高。这也是大家经常说的"老狐狸""家有一老，如有一宝"。因为老人家经历的事多，经验就相对丰富。

　　所以，博弈论虽是理论的科学，但当我们在与他人博弈时，还需要现实的经验。理论可以帮我们看清博弈的局势，但是它永远都不能取代经验，所以我们应该把策略行为与经验结合起来，这样才能成为博弈高手。

第2节 概率不等于成功率

一个人成功的概率能有多大？同样的付出，为何有人成功，有人失败？

每个人都想做出一番事业，没有人想失败，都想着成功。但是，世上碌碌无为者仍占大多数。为什么总是平庸者多，成功者少呢？

我们都是在小的时候立志，成年后"屈服"于现实，渐渐变得"无志"。按照自己的意志走下去的人，现实中能有几个呢？而且，真正成功之人未必就是在小的时候立志，所谓"有志之人立常志，无志之人常立志"就是这个道理。有许多人小的时候很平庸，但长大后却很成功；而有许多人"小时了了，大未必佳"。机遇和挑战随时可能降临在我们身上，你准备好了吗？

第一代互联网刚刚兴起的时候，只要有个商业策划书就可以找到投资人。因此，互联网精英纷纷涌现。但是，一段时间以后，无数经营者铩羽而归，多少投资商血本无回，而真正坚持并成功的只有那么几家。经过太过激烈的竞争环境，那几家为什么会成功？是偶然还是必然？

公司的成功与人生的成功有相似之处。爱迪生发明灯泡，经历了无数次的失败，才最终成功。我们先看看一个人的生活经历：

8岁	被赶出居住的地方，必须独立谋生	幼年必须养活自己
21岁	第一次经商	失败
22岁	竞选州议员	失败
27岁	精神崩溃，卧床6个月	差点儿死去

35 岁	参加国会大选	失败
36 岁	竞选联邦众议员	失败
40 岁	再次竞选众议员	失败
41 岁	竞选州土地局长	失败
46 岁	竞选国会参议员	失败

这就是 46 岁以前的亚伯拉罕·林肯的生活经历。林肯生下来就一贫如洗，而且一生中不断面对挫折和打击，8 次竞选均落选，两次经商均告失败，中间还曾精神崩溃过。但一次次的失败并没有把他打倒，就算在成功的概率极小的情况下，他也不放弃，勇敢地接受命运的挑战。在他 52 岁时，被选为美国第十六任总统，随后更是做出了永载美国史册的功绩。

没有谁可以一步登天，没有谁的成功是一蹴而就的。都是在经历了一连串的失败之后，才获得最终的成功。他们一直坚持，认为自己一定会成功，即使成功的概率很小也不放弃。以概率来计算，林肯和爱迪生成功的概率极小，但他们成功了。所以，环境、运气等因素并不是决定一个人成功与否的真正原因，真正起决定作用的是一个人的心志。只要你坚持下去，一定会成功！泰戈尔说："那些迟疑不决、懒惰、相信命运的懦夫永远得不到幸运女神的青睐。"

在苹果电脑公司任职时，李开复博士被美国当时最红的早间电视节目《早安美国》邀请，与公司 CEO 史考利一起在节目中演示苹果公司新发明的语音识别系统。

李开复那时负责开发的语音识别系统刚刚搭建，碰到故障的可能性很大。因此，史考利上节目前问李开复："你对演示成功的把握有多大？"

李开复回答说："90% 吧。"

史考利问："有没有什么办法可以提高这个概率？"

李开复马上回答说："有！"

史考利问："成功率可以提高到多少？"

李开复："99%。"

第二天的节目很成功，公司的股票也因此涨了两美元。

节目结束后，史考利称赞李开复："你昨天一定改程序改到很晚吧？辛苦你了。"

哪知道这时李开复却说："你高估了我的编程和测试效率，其实今天的系统和昨天的没有任何差别。"

史考利惊讶地说："你该不会是冒着这么大的风险上节目吧？你不是答应我，说成功率可以提高到99%吗？"

李开复说："是的，我说过成功率保证在99%以上的话，这是因为我带了两台电脑，并将它们联机了。如果一台出了状况，我们马上用另一台演示。我们由概率可以这样推断：本来成功的概率是90%，也就是说一台电脑失败的可能性是10%，那么两台机器都失败的概率就是 $10\% \times 10\%$ ，也就是1%，那么很显然，成功的概率就是99%！"

我们在平时的生活中，要做多种准备，尽量降低失败的风险。多给自己一些机会，多尝试一些不同的方法，增大自己成功的概率。

第 3 节 彩票、投资和赌博

与赌博相比，彩票更易为人接受。尽管赢的概率更小，但输的损失也不大；它不像赌博那样，笼罩着欺诈和非法的色彩，而且极有可能输到倾家荡产。如果你每次只买一两张，那只是一个很小的数目，但我们照样能得到同样的激动。这也是人们买彩票的原因。

彩票的收入比付出要多得多，但概率也低得可怜，也就是说买彩票的人基本是输钱的。也正因如此，数学家们都不建议买彩票，但一般人置若罔闻，照买不误。

一位著名的学者在一场演讲中承认：在回家的路上，他去超市购买日用品，一般来说，找零他都用来买彩票了。他说："输几块钱对我来说是毫无影响的，但中 500 万元却可以完全改变我的生活。"他忘了微乎其微的中奖概率，只强调赢的效益远大于输的效益，大多数人都是因为这个才买彩票的。

现在很多报刊和机构都有关于彩票的栏目，主要是研究各种"猜号"技术。这些"技术"有用吗？以概率的观点来看是没用的，但是，还是有很多人信这个，相信一定有什么规律在不同期的中奖号码里。

彩票的每一期中奖号码都不受上一次的影响，每一个数字、每一轮开奖都是一次新的、不同的事件。如果历史的开奖结果能够按照可预期的方式影响下一期、下一轮发展的话，那么彩票部门就要破产了。

一个人曾经两次赢得百万分之一的彩票大奖。这种事情确实发生过，我们在报纸上也看到过，一些人认为有作弊的嫌疑，另一些人认为是"超自然感觉"。

其实，这个想象仍逃脱不了概率，因为它确实可能发生。假设某人曾经中过一次 500 万元大奖，中奖之后，他又继续买彩票，而只要买就有可能中。所以，这其实并不是奇迹。

人们在巧合发生时总是容易受到迷惑。他们倾向于用神奇的、超自然的力量来解释事件，而不能接受随机事件的任意性。

购买彩票完全靠运气，运气通常是不好的，偶尔走运就会中奖。其实，中彩票的概率是远远低于赌博赢钱的概率的，但相对来说，买彩票的人却远远高于赌博的人，这是因为买彩票可以以"极小"赢"极大"，而赌博则可能使人深陷其中，不能自拔。

从某种意义上来说，投资就是一种赌博，买彩票也是一种投资。赌博和投资的收益都是不确定的，同样的投资工具，可以按照投资的方式来做，比如期货；但是，期货也可以不做任何分析，孤注一掷地按照赌博的方式来做。我们知道赌马可以像通常人们所做的那样，去碰运气；也可以经过细致的分析，按恰当的比例下注，就像投资高科技产业那样去投资赛马。

但是，赌博和投资也有不同之处：赌博的期望收益小于 0，比如买彩票、赌马、赌大小……而投资要求期望收益一定大于 0；支撑赌博的是侥幸获胜心理，而支撑投资的是关于未来收益的分析和预测；赌博是找风险，而投资要求回避风险；一种赌博工具不可能使每个赌客获益，而一种投资工具却可以使投资者都获益。

你该把资金投资在风险低的债券上，还是存在银行等利息，抑或干脆赌一赌，这就需要决策了。首先，你必须对概率略知一二，再评估各种后果，并确定个人目标，然后在立即满足或未来展望之间做出选择。

假如你现在手头有1万元闲钱，在你家对面有一家银行，在你家的旁边有一家赌场。你想去赌场碰碰运气，又想把钱存在银行。银行利率是5%，而赌博的概率我们在前面已经分析过了，每一次下注赢的概率不到一半。

那么你如何选择呢？首先，你必须有目标来指导你的行动。你不能这样想：进去赌，输光就算。如果你有这样的想法，那么你肯定会输光。

如果你选银行，就把钱交给银行，你会获得比较少的利息，换到一本小册子或一张存单，钱由银行保管。在银行的钱对你毫无用处，当然也可以随时取回。但是，在通货膨胀的影响下，那些利息看起来毫无用处。

即使如此，长久看来，选银行还是好些。因为去赌场的话，全部输完的可能性极大。就算你真的去赌，也要遵循一些策略。

长久赌下去的结果一定是分文全无，但并不排除某一时段的运气不错，可以赢到钱。在赌博过程中，也许你会有领先的机会，因此如果策略对头，可以在领先时收手。如果每个进赌场的人都赢不到钱，那就没有人进赌场了。因此，我们在事前必须定出明确目标：在赢到一定数量的钱时，立即停赌。趁走运的时候停手，你还有机会赢；如果坚持赌到分文不剩，那结果就一定是真的分文不剩。

假设你现在带着1000元来到赌场，打算赢到2000元就走。那么，又该如何在输光前赢到1000元再赶紧停手呢？我们都知道，去赌场赢的机会并不大，但我们是不是可以把概率提高一些呢？

如果你只是为了玩玩，那么一次只押一点点，比如20元或50元。但这样赢的概率极小，虽然可以赌很长时间，但最后的结局一般是最终输光。在愿意承担损失的情况下，如果你只是为了赢钱，那么孤注一掷的赌法，对你来说是获胜概率最大的方法。也就是说，最好的策略就是一次全部下注，这样的话有将近一半的机会可以赢。

如果你的"梦想"更大，想用 1000 元赢到 1 万元，那么最佳的策略又是什么？会有多少获胜的机会呢？

其实原则还是这样：每次下的注要大，并注意赌局形式的变化，一直赌下去就行，这样至少有赢的机会，当然，你会输光的可能性也很大。如果你从第一轮赌局开始，每次下注都是全部的资金，即第一次下 1000 元，赢的话是 2000 元；再下注 2000 元，赢的话是 4000 元；然后再下注 4000 元，赢的话是 8000 元。这样的概率不是没有，为 12.5%，稍低一些。那么这个时候你该如何下注呢？是不是一次把 8000 元全部下注呢？不是这样的，这时最好的策略应该是下注 2000 元，就算输了，也还有 6000 元可以翻本，在下面的赌局里，你可以把每注改为 4000 元；假如赢了，正好到了目标 1 万元，你立即停手离开赌场。而如果你一次下完，很可能输光而无翻本的机会。

因此，只要赢得的钱不超过目标，这类赌局的最佳策略是把注全部押上（要能面对失败的情况，毕竟概率只有一半不到），要不然就只下足够达到目标的赌注就好（一定要有明确的目标，不然不及时收手，最后输的还是你）。这个策略基本是最好的策略。

这个原则值得我们牢记。但是，我们还是要强调，如果幻想在赌场里致富，即使采用上述策略，机会也不大。

在以扑克牌为赌具的复杂赌局里，是不容易计算概率的，不过，细心的玩家还是算得出来，强手在扑克这种复杂的竞赛性游戏里占有一定优势。而掷骰子相对来说是最简单的赌法。

如果你想利用概率，就必须先了解概率。在以概率发财的时候，要确定自己的目标，清楚自己到底在做什么，并能承受失败带来的后果。如果赢的几率小于 1/2，长时间下来是没人会赢的。

在这方面，所谓理性的决策是希望能帮助你"平均而言"尽可能做出最佳决策，但最佳策略也不可能保证你逢赌必赢，但我们却有不输的方案介绍给你：只要你不赌，就不会输。

第 4 节 边缘策略：不按套路出牌

唐朝时，曾是宰相的陆元方之子陆象先气度很大。在青年时，就以喜怒不形于色而闻名。

陆象先在通州做刺史时，家里的仆人在街上遇见他的下属参军没有下马。这个仆人虽然没有礼貌，但参军却对此小题大做，命人鞭打仆人。原本参军仅仅是陆象先负责军事的下属官员，而且陆象先的仆人也未必认识他。事后，参军见到陆象先时说："我不该打您的仆人，下官有错，请大人免去小人的职位吧。"

陆象先早已知道这件事，便对他道："仆人见到你不下马，打也可以，不打也可以；你打了仆人，罢官也可以，不罢官也可以。"说完就不再理睬这位参军，径直离开了。参军离开之后，不知如何是好，既没有说罢免自己，也没有说不罢免自己。但参军从此收敛了很多，因为他记住了那句"罢官也可以，不罢官也可以"。

在双方已经有了矛盾的时候，人们为了避免因这种矛盾而导致同归于尽的结果，都希望找到一个方法，使对手不敢再做对自己不利的事，同时也不至于使对手狗急跳墙，使出两败俱伤的策略来。这种方法就是创造一种风险，告诉对方，再这么做会有他不希望看到的事情发生，这就是边缘策略。

边缘策略是故意创造一种人们可以辨认却又不能完全控制的风险。实际上，"边缘"这个词本身就有这样的意思。作为一种策略，它可以迫使对手撤退，将对手带到灾难的边缘。

边缘策略的本质在于故意创造风险，因而它是一个充满危险的微妙策略。这个风险很大，甚至大到让你的对手难以承受的地步，迫使对手按照你的意愿行事，进而化解这个风险。那么，是不是存在一条一边安全而另一边危险的边界线呢？实际上，人们只是看见风险以无法控制的速度逐渐增长，而并不存在这么一个精确的边界线。边缘策略的关键在于要意识到这里所说的边缘是一道光滑的斜坡，而不是一座陡峭的悬崖，它是慢慢变得越来越陡峭的。

在市场竞争中，一些公司就是运用小步慢行的边缘策略来获得利益的。

在 H 市，移动和联通号码比例是 3∶1。在价格上，移动采用紧跟策略，只比联通贵一点点。联通如果降价，移动就跟着降价。

在该市移动公司的楼下，有一个批发市场是整个城市卡号销售的中心。移动公司以地利之便，再加上自己又是卡号销售的大头，便强令所有的窗口只卖移动的卡。这样一来，联通在当地市场的占有率便开始下降，时间不长已经降到 1∶5 了。

有人给联通出了个主意：降价！把价格低一角。如果移动跟着降，那联通就再降一角，降到移动不敢降为止，降到消费者疯狂抢购联通卡为止。这样的话，不仅移动是亏损的，先降价的联通也要亏损。但移动的底子大，如果联通一年亏 1 亿元，它将亏 4 亿元。

如果联通采取这样的策略，一场价格战将会爆发！对于联通来说，这就是可以采取的一个边缘策略。如果联通破釜沉舟，那么价格降到一定程度的时候，移动一定会屈服，从而求着联通来谈判！谈判的结果必然是双方产生隐性的合作，由开始的对立慢慢开始合作，最后达到双赢。

边缘政策和其他任何策略行动一样，目的都是通过改变对方的期望，来影响其行动。我们普通人也可以加以运用。

1988 年 3 月 25 日，霍尔·E.贝尔法官开始负责审理"胡椒谋杀案"的凶手罗伯特·钱伯斯。但是，他却遇到了一个非常棘手的问题。

当时的情况是这样的：陪审团一共 12 个人，但却面临着解体的危险。陪审员们灰心丧气，请求调离这个案件。在法官面前，其中的一位陪审团成员竟然流泪。他哭诉道，在这个案子中，他承受着巨大的压力，精神几乎崩溃。与此同时，陪审团的女领导人也说，陪审团已经面临解散，无法再对这个案子负责；但也有一部分陪审员表示，陪审团虽然出现了一些状况，但仍可以继续工作。

都不希望陪审团的工作结束，这样对谁都没有好处。因此，第一次审判就这样作废了，第二次审判势在必行。而犯罪嫌疑人罗伯特·钱伯斯也要多等上一段时间才能知道自己是去监狱服刑还是被宣布无罪。从控方到辩方，从陪审员到法官，甚至犯罪嫌疑人都希望尽快结束这个案子。

9 天之后，情况还是和以前一样：在对钱伯斯的二级谋杀罪的严重指控问题上，陪审员们依然举棋不定，不知道是做有罪裁决，还是应该裁定其无罪开释。

贝尔法官这时候应该怎么做呢?

公诉人费尔斯坦女士和受害者莱文一家都希望钱伯斯被判有罪,接受某种惩罚。他们不希望陪审团主导这个案子的结局,如果陪审团举棋不定,那么此案将不得不再次重新审理。

而被告钱伯斯和他的律师利特曼先生也认为,陪审团们没有起到相应的作用,还不如进行庭外和解。

利用陪审团既有可能做出判决,也有可能陷入僵局的不确定性,贝尔法官可以威胁原告和被告,使原告和被告双方尽快达成调解协议。如果陪审团真的陷入僵局,原告和被告会因此失去相互让步的激励,他们会通过谈判来找到一个折中的方案。另一方面,如果陪审团真的做出了判决,贝尔法官也未必愿意告诉双方的律师,他会拖住陪审团,为谈判的双方多争取一些时间。

陪审团如何判决,我们是无法控制的。但陪审团可能做出怎样的判决,我们却是可以对其进行判断的,虽然这判断的结果不一定正确。在陪审团做出判决前,对立的原告和被告双方可以通过谈判,提出自己的解决方式。

第 5 节 化解危机

边缘策略的每一步都蕴藏着巨大的希望和危险,如果你深处其中,它会让你感到惊心动魄。

1962 年 10 月,在古巴导弹危机时,整个世界都处在边缘状态。在赫鲁晓夫的领导下,苏联开始在距离美国本土只有 9 0 英里的古巴装备核导弹。美国随即做出反应,肯尼迪总统宣布对古巴实施海上封锁。

在这种情况下，苏联当时没有把冲突升级，否则此次危机很有可能升级为危及世界的核战争。肯尼迪估计发生这种最糟糕情况的可能性不大，但谁也说不准赫鲁晓夫会怎么做，他面临着巨大的压力，据说紧张到近乎崩溃。经过几天的公开表态和秘密谈判，赫鲁晓夫做出了让步，决定避免正面冲突，下令拆除苏联在古巴装备的导弹，并且装运回国。为了照顾苏联的面子，美国也做了一些"补偿"，撤走了土耳其的导弹。赫鲁晓夫退让这一个选择是明智的，明知自己必须退让还这么做，只能说明他最初的冒险是不可取的，但他随后采取的妥协策略却是非常明智的。

我们生活中或多或少会运用边缘政策，当然，个人用的这种策略不会像古巴导弹危机那样产生深远的国际影响。比如意见不一的双方如果不能相互协作，合作关系就会破裂；买卖双方经过讨价还价之后，如果不能成交，那么最终肯定有一方先实行边缘策略；固执己见而不能达成妥协的夫妻，很可能在最后实施边缘策略而离婚。而我们经常会说这样的话："大不了如何如何"，每当我们这样说时，就意味着我们打算实行边缘策略。

肯尼迪在古巴导弹危机中采取的行动，被视为运用边缘政策的典范。边缘政策就是将你的对手带到灾难的边缘，迫使对方让步。

在古巴导弹危机中，肯尼迪政府发现苏联在古巴偷偷地装备导弹，便进行了周密而细致的考虑，考虑了自己应该怎样做，以及这样做会产生什么样的后果：什么也不做，这是不可能的，美国的智囊团不至于这么无能；向古巴的导弹基地发动空中打击，这样做无疑会彻底激怒苏联，说不定立即就会向美国发射导弹；向联合国投诉，这一行动几乎没有什么实际效果，等于什么都没做；走极端，抢先向苏联发动一场全面的核打击，这样做也不行，因为接下来就会遭到苏联的核报复；实施封锁或隔离，这个策略比较缓和，而且也具有威慑效果，这也是美国最终选择的方案。

在美国实施海上封锁后，苏联有多种回应方式可以选择：挑战美国的封锁线，进而可能引发双方核大战；走极端，抢先向美国发动一场全面的核打击；退一步并拆除导弹，并停止通过大西洋运输导弹，这是苏联实际选择的方案。

在这一系列的行动与反行动里，一些行动带有明显的危险性，比如向古巴发动一场空中打击，向美国实施核打击；而另一些可能的行动很显然是安全的，比如美国什么也不做或者苏联撤走导弹。假如苏联企图挑战美国的封锁，那么美国会怎么做呢？可以肯定的是，美国不可能立即发射战略导弹，因为这样做，苏联将骑虎难下，一场核战争一触即发。但是，这样做会使整个事件的紧张程度上升到一个新的水平，而世界局势也会越来越紧张。而我们在前面已经提到，边缘政策是一道光滑的斜坡，它是慢慢变得陡峭的，而不是一座陡峭的悬崖，毫无退路。实际上，边缘政策就是威胁策略，但它是比较特殊的威胁策略。

那么为什么不直接用一种表示可怕结果一定会出现的确定性来威胁对手，而只是借助一个单纯的风险来暗示可怕的结果可能出现呢？这个风险的恰当程度应该如何把握？我们下面将回答这些问题。

美国希望苏联从古巴撤出导弹，肯尼迪为什么不直接威胁赫鲁晓夫：假如你不拆除那些导弹，我将用导弹炸平莫斯科？而且生活中矛盾双方经常采取这样的策略：你不怎么做我就怎么样，这是一个令人信服的威胁。但问题是，这么一个威胁如果拿来威胁导弹危机时的苏联就不行了，赫鲁晓夫不相信，其他人也不会相信。因为这个策略中提到的行动，将会引发一场全球性的核战争，它带来的结果就是地球毁灭，所以人们不会相信美国人会连自己的家园都不要而采取这样的措施，事实上美国确实不敢这么做。假如在美国要求苏联把导弹撤出古巴的期限里，苏联没有撤出导弹，肯尼迪愿意考虑延长留给苏联的最后期限，能推后一天就推后一天，而绝对不会采取我们上面所说的措施。

这个威胁不必付诸实施，因为赫鲁晓夫退让了，世界也免遭一场灭顶之灾。不管威胁是大还是小，如果你能确定它一定会奏效，那么它永远不必付诸实施。但在实施中，你对这个威胁是不是会奏效却没有一定的把握。而在理论上，可能会出现完全不同的情况：肯尼迪完全判断错了赫鲁晓夫的想法。赫鲁晓夫坚决不妥协，就算毁灭全世界也要和美国对抗到底，那么肯尼迪将会后悔当初的选择。

美国最终实施了海上封锁策略，但要想牢牢控制这一行动并不容易。因为封锁从常规上来说是一种战争行为，肯尼迪的目的绝不是刺激苏联采取报复行动，而是用某种方式劝说赫鲁晓夫撤走。这并不是一两个人的博弈，而是两个集体之间的博弈，也不能把苏联或美国看作其中的一个个体参与者。美国的决策必须由有一套程序的各方负责实施，不可否认的是，确实有一些事情超出美国的控制，但官僚机构的行事方式，以及组织内部存在相互冲突的目标对美国是很有利的。

赫鲁晓夫在他的回忆录中说："在'古巴导弹危机'期间，肯尼迪曾派秘使联系过我。秘使表示肯尼迪并没有为难苏联的意思，但是，肯尼迪总统很可能控制不了局面。因此，我对秘使说，我给美国一个面子。"赫鲁晓夫有可能在吹嘘自己，但是从这些话里也可以看出美国人的策略：他们不想看到"世界毁灭"这种结局，但却毫无办法阻止，主动权掌握在赫鲁晓夫手中。冲突的升级使爆发核战争的可能性不断增加。最后的结局是，有一方承受不住压力决定妥协。而如果一旦出现双方死扛到底的情况，那么也许真的会爆发核战争，战争受多方面因素的影响，而不仅仅取决于两国的领导人。

因此，边缘政策不仅在于创造风险，还在于小心控制这个风险的程度。

要使自己的策略变得可信的关键在于：无论是你还是你的对手，都不知道转折点究竟在哪里。美国通过创造一个风险——导弹可能发射出去的风险，成功地运用了边缘策略。

无论是国与国的博弈，还是人与人的博弈，不是仅仅发出威胁使对方退却，而是必须制造危机才能使对方退却。因为危机可以让对方知道，我这么做不是我愿意的，而很多事情超越了自己的控制。就算是大家兵戎相见，甚至同归于尽，那也是没办法的事情。对方在这种情况下才可能感到害怕，才会考虑更换策略。

边缘策略中的危机可能超越控制，这一点可能导致双方都跌入两败俱伤的深渊。因为对方不退让，就意味着你毫无退路。因此，对于危机我们要有清醒的认识：

第一，危机要超越自己的范围才能让对方因害怕而撤退！

第二，危机要让对方可以做出事情来弥补，也就是有后路可退。

在边缘策略中，行动都是为结果服务的，结果最重要。

图书在版编目（CIP）数据

博弈论 / 翟文明编著 . — 北京：中国华侨出版社，2018.1（2024.1 重印）
ISBN 978-7-5113-7327-4

Ⅰ . ①博… Ⅱ . ①翟… Ⅲ . ①博弈论—普及读物 Ⅳ . ① O225-49

中国版本图书馆 CIP 数据核字（2017）第 312217 号

博弈论

编　　著：	翟文明
责任编辑：	黄振华
封面设计：	冬　凡
美术编辑：	武有菊
经　　销：	新华书店
开　　本：	880mm×1230mm　1/32 开　印张：10.5　字数：235 千字
印　　刷：	三河市燕春印务有限公司
版　　次：	2018 年 1 月第 1 版
印　　次：	2024 年 1 月第 19 次印刷
书　　号：	ISBN 978-7-5113-7327-4
定　　价：	38.00 元

中国华侨出版社　北京市朝阳区西坝河东里 77 号楼底商 5 号　邮编：100028
发 行 部：（010）88893001　　传　真：（010）62707370

如果发现印装质量问题，影响阅读，请与印刷厂联系调换。